建筑·空间·人类学译丛

给建筑师的人类学：
社会关系与建成环境

Anthropology for Architects：
Social Relations and the Built Environment

［英］雷·卢卡斯（Ray Lucas） 著

潘曦 耿涵 译

中国建筑工业出版社

著作权合同登记图字：01-2023-1507号

图书在版编目（CIP）数据

给建筑师的人类学：社会关系与建成环境／（英）雷·卢卡斯（Ray Lucas）著；潘曦，耿涵译. —北京：中国建筑工业出版社，2023.4（2024.6重印）

（建筑·空间·人类学译丛）

书名原文：Anthropology for Architects：Social Relations and the Built Environment

ISBN 978-7-112-28572-3

Ⅰ.①给… Ⅱ.①雷… ②潘… ③耿… Ⅲ.①建筑学—关系—人类学—研究 Ⅳ.①TU-05

中国国家版本馆CIP数据核字（2023）第057163号

责任编辑：李成成　段宁

责任校对：李辰馨

建筑·空间·人类学译丛

给建筑师的人类学：社会关系与建成环境

Anthropology for Architects: Social Relations and the Built Environment

［英］雷·卢卡斯（Ray Lucas）　著

潘曦　耿涵　译

*

中国建筑工业出版社出版、发行（北京海淀三里河路9号）

各地新华书店、建筑书店经销

北京锋尚制版有限公司制版

建工社（河北）印刷有限公司印刷

*

开本：787毫米×1092毫米　1/16　印张：11　字数：270千字

2023年5月第一版　2024年6月第二次印刷

定价：**49.00**元

ISBN 978-7-112-28572-3

（40615）

致桑德拉和安德鲁·卢卡斯

感谢他们一路上每一步的支持

目　录

插图目录

序言：理论和语境

　　《给建筑师的人类学》旨在弥合两个学科之间的缺口，并部分地涉及建造和居住的意义。本书呈现了一系列建筑类型，并通过恰当的人类学理论讨论了这些类型。它并不意图要成为一个详尽的目录，而是给出一系列示例性的研究。例如经济交换理论可能被用来讨论家庭或神圣空间，就像这里用市场来阐述该理论一样。许多理论框架可以加以映射来帮助理解一系列建筑空间，从而对建筑的社会性建构方面形成更加细致的解读。

　　一段时间以来，学术研究一直鼓励和支持跨学科，尤其在英国。正是在这种背景下，这项工作奠定了其基础。这本书最早源起于 2002 年，我在阿伯丁大学和邓迪大学乔丹斯通艺术学院的邓肯艺术与人文研究委员会"创意与实践研究小组"攻读社会人类学博士学位期间。该小组旨在重新评估现有的建筑和人类学方法。我们的目标不是要形成**关于**建筑的人类学或建筑民族志，而是更加深入地考察创造性实践作为基本**人类**活动的本质。因此，本研究聚焦于为何以及如何使用绘图和符号，涵盖了作为知识生产方式的"题写实践"的全部范围。

　　随着时间的推移，这种方法发展成了对不同学科如何生产知识、通过何种方式生产知识的讨论。由此产生的"从内部了解"项目带来了广泛的学科观点的汇聚（包括各个分支学科的人类学家和建筑师以及艺术家、工匠、电影制作人、产品和工业设计师、数学家、哲学家、教育家、考古学家等），在学术和实践知识的生产传统下，大家作为平等的合作伙伴进行讨论。自 2010 年以来，通过在曼彻斯特建筑学院的教学，形成本书的工作一直在进行之中，为本科课程"建筑与观察""图形人类学""世界城市主义"以及研究生工作坊"建筑中的知识生产"和"亲密的城市"提供信息。通过长期持续参与探索建筑和人类学必须相互表达什么，后续的文本得以形成：不仅在于人类学家启发建筑师，也在于让人类学家获得更多关于建筑思维的知识。

　　跨学科工作的结果之一是对于清晰沟通的领会。每个学术传统都有自己的文献和相应的语言，使不同领域的专家得以通过使用广泛的引用（在你的读者共享的知识范畴内是安全的）或者通过行话和技术术语的使用来有效地交流复杂的想法。虽然这提供了一条有价值的捷径，但是在跨学科工作中，对于假定学科知识的依赖就会成为问题。误解术语、误读文献，或者不加批判和防御性地使用我们自己的术语，都可能导致误解对方学科这样的错误。当然，其潜力则在于创造性地重新使用来自其他学科的理念，使用类似蒙太奇的概念并置可以产生一些极具创新性的作品。本书将尽可能使用直截了当的语言，从而尽可能地使文本让学术和设计学科都易于理解。此外，作为一本以建筑为主题的书，本书的目的是让文本和图像以相同的注意力被共同阅读，探索多重的、共存的、互补性的阐释可能具有的宽容空间。

　　这意味着本书不是基于人类学研究中常见的长期参与式观察而形成的一系列民族志。它的一个目标是探索现有的建筑研究实践的潜力——主要是绘图和相关的题写实践——来发展对建筑之社会方面的理解。绘图使研究人员能够接触到现象的不同方面——这些绘画和符号不仅仅是插图，更应当被视为分析——很明显，是对根据惯例组织的世界的几何解读以及它们如何被占据和使用的共同理解。建筑图纸是一种开放式的解读，充满了暗示和可能性，同时又给出了精确的尺寸和位置。

本书的总体结构是将建筑类型学和人类学的理论框架联系起来。房屋维护与清洁的理论结合在一起，反映了居住是一项永远在进行中的事情这一概念。博物馆与收藏以及去语境化的文献一起呈现，而市场则通过互惠、交换和礼物赠予的理论来进行探索。神圣空间被认为是关于动作和路径的文献的一部分，并在社区节庆和表演以何种方式创造临时建筑等方面加以进一步的探索。关于饮食文化和能动性的细微差别在餐厅这一章呈现，每一章都试图打开一个日常和普通的话题，将其作为一个具有潜力和差异性的点来提出。其目的是为读者提供有助于打破假设的理论框架，最终目的则是鼓励设计响应人们的实际需求，而不是臆想假设或重复既有的形式。

书中的大部分例子都来自作者在日本和韩国的实地考察。该地理焦点也可以放在世界上任何其他地方，特别是考虑到所涉及类型的广泛性：住宅、收藏品、市场、路径、剧院、庆祝活动和餐馆。把自己置于别处、远离家乡来进行实地研究是有其逻辑的。作为局外人的价值在于它让研究人员可以提出很基本的、通常很幼稚的问题：这样，生活的方方面面，无论多么平凡，都可以作为研究主题。同时，这也存在缺陷，会使作品受到拜物教、文化挪用、误解或异域化的指责。最后一个缺点在参考日本建筑的文献时尤为明显，这些文献往往倾向于延续陈词滥调和强调差异，强调在访问一个与西方如此不同的文化时所经历的文化冲击。这里描述的事件旨在平凡而不是奇异，例如突出饮食文化中微小差异的设计含义。柜台座位引发了食客和厨师之间的关系；调味品的供应使快餐文化能够适应顾客的个人口味。

本书中使用的一系列图形方法推动了"图形人类学"的建立。其意图是与视觉人类学并置，后者侧重于基于镜头的媒体以及如何围绕电影和摄影实践建立人类学。通过草图、绘画、标注和测绘，建筑的技能组合可以更直接地与人类学理论相接触。其目的是对这样一个过程加以利用，即我们把对可见或不可见场景或现象的理解转换为表面上的一系列痕迹，以此来创造意义。这些是根据让他人读图的惯例来组织的：建筑图纸的编码在这里就是一个明显的例子，不过，更少模仿性而更具示意性的传统也有其惯例，即使这些惯例要更易于解释。图形人类学作为一种方法，可以让人们的交互慢下来，在观察的场景中花费更多时间，梳理物质性、语境关系、手势和姿势，把密集的社交互动的网络和节点交叠在一起。

希望本书中的想法能融入建筑设计的实践中，最直接地影响场地和语境的分析过程以及对先例的解读。

致　谢

　　本书是一项长期工作的结果，它的一些起源可以间接地在我的博士研究中找到。有很多材料是在我的职业生涯早期作为曼彻斯特建筑学院讲师期间，通过关于"观察与建筑""图形人类学""世界城市主义""重写城市"的系列讲座，一个以研究为主导的关于"建筑中的知识生产"的工作坊以及一系列相关主题的硕士论文而发展起来的。因此，本书要感谢自 2010年以来参与这一建筑和图形人类学工作的诸多学生。如果得体地考虑到居住这一把建筑学和人类学联结在一起的主题的话，那么就要致谢。每一项都构成本成果的来源。论证中的所有错误和缺陷均归于笔者，而这部作品则是坎伯诺德、阿伯丁、曼彻斯特、首尔、东京和海牙那些有形或无形的家园的成果。

　　我对人类学的看法是通过与以阿伯丁大学为中心（但并不总是以其为基地）的跨学科学者群体的长期对话而形成的。这个小组的领导者是蒂姆·英戈尔德（Tim Ingold），他在学术上的慷慨很大程度上塑造了我们的方法，该方法由真诚的探索和对于方法的开放态度所驱动，借此我们可以更好地了解我们的世界。蒂姆对于我作为一名年轻的建筑学者在人类学上的探索很有信心，这是非常宝贵的。这意味着认真地对待实践，通过让自己完全沉浸在世界中来分析和展示对世界的理解。根据我们最早的研究小组的工作，创造力就是**在实践中理解**：这是一个一直伴随着我的公式。这个小组如此庞大，以至于无法在此处完全列出，但在此期间我重要的同事有迈克·阿努萨斯（Mike Anusas）、斯蒂芬妮·邦恩（Stephanie Bunn）、詹·克拉克（Jen Clarke）、安妮·道格拉斯（Anne Douglas）、艾米利亚·费拉罗（Emilia Ferraro）、卡罗琳·加特（Caroline Gatt）、温迪·甘恩（Wendy Gunn）、利兹·哈勒姆（Liz Hallam）、雷切尔·哈克尼斯（Rachel Harkness）、马克·希金（Marc Higgin）、伊丽莎白·霍德森（Elizabeth Hodson）、默多·麦克唐纳（Murdo Macdonald）、特雷弗·马尔尚（Trevor Marchand）、桑德拉·麦克尼尔（Sandra McNeil）、艾莉森·米勒（Alyson Miller）、里卡多·内米罗夫斯基（Ricardo Nemirovsky）、阿曼达·拉维茨（Amanda Ravetz）、格里特·谢尔德曼（Griet Scheldeman）和乔·维冈斯特（Jo Vergunst）。

　　上述团体中的许多人最近在 ERC 高级资助项目"从内部了解"这一旗帜下聚集在了一起，该项目为本书详细介绍的一些项目提供了资助，特别是对东京三社祭的调查。曼彻斯特城市大学为首尔的研究提供了更多资金，曼彻斯特大学为进一步的实地研究和会议宣讲提供了支持，这对发展我的观点至关重要。我要感谢阿尔弗雷德·皇甫（Alfred Hwangbo）在首尔的热情款待以及达尔科·拉多维克（Darko Radovic）、戴维斯·邦达姆（Davisi Boontharm）、山田幸太（Kyota Yamada）和大野隆造（Ryuzo Ohno）在东京的欢迎和帮助。

　　曼彻斯特大学 2018 年准许的学术休假对手稿的编写非常重要。早期的研究项目中也有呈现，例如 AHRC 和 EPSRC "面向 21 世纪设计"资助的"城市空间多模态表达"项目，我在项目中和乌姆布雷塔·罗米斯（Ombretta Romice）、戈登·梅尔（Gordon Mair）和沃尔夫冈·索恩（Wolfgang Sonne）发展出了第 8 章中使用的**感官符号方法**。

在曼彻斯特建筑学院的同事中，我要特别感谢斯蒂芬·沃克（Stephen Walker），他对本书的初稿提出了宝贵的反馈意见。我还要感谢布鲁姆伯利出版社的团队——詹姆斯·汤姆森（James Thompson）、亚历山大·海菲尔德（Alexander Highfield）和索菲·坦恩（Sophie Tann）——在整个出版过程中提供的耐心建议。

与任何具有长期发展过程的项目一样，我的家人在书稿写作的高潮和低谷时期发挥了至关重要的作用。与以往一样，在我们从爱丁堡搬到曼彻斯特，现在又离开海牙的整个过程中，我的妻子莫拉格（Morag）的持续支持绝对是必不可少的；当我的自信心处于最低谷时，我非常依赖她对我工作的信心。我对作品的后期编辑也归功于我的"合著者"——我们的猫奥马尔（Omar）和敖德萨（Odessa），由于他们在社交媒体上的露面，他们本身就拥有学术追随者。

这本书要献给我的父母桑德拉（Sandra）和安德鲁·卢卡斯（Andrew Lucas）。在我的博士研究期间，他们在这项工作的整个创立过程中支持我，此后也一直是我稳定性的源泉。每当我回到我在坎伯诺德的家时，我的姐妹卡特里娜（Katrina）和朗达（Rhonda）都一同营造了这个重要的、熟悉而又具疗愈效果的家庭环境。

1 绪论：类型学与社会关系

引言

在围绕**社会关系**的**类型学**构建本书时，其目的是讨论建筑类型和最适合于解读它们的源自社会人类学的理论。其中的一些关系紧密地交织在一起，例如住宅或表演，而其他的则是更广泛的理论，诸如交换或实践。本书的意图是将人类学呈现为与建筑设计和理论直接相关的学科。在某些情况下，这进一步阐述了建筑中的隐性知识，即通过工作室文化传承下来，但很少得到明确表达的嵌入性知识，而在其他情况下，这些理论将为我们阐释建筑提供新的视角。

本书更广泛的意图是提出建筑学和人类学之间生产性的关系，与之相伴随的理念则是在人类学被认真地看作建筑设计及理论之提示这一过程中发展出来的。简而言之，建筑师和其他人可以从阅读民族志作品和其衍生的理论中受益。大部分建筑师都不会有这样的机会直接参与到民族志这一与人类学紧密联系的学科的研究中，但是其他机会出现了——正如英戈尔德提醒我们的那样，人类学并不是民族志，反之亦然。建筑师可以参与到其他更适合于他们的技艺和资源的人类学探索中。人类学学科正在开放，超越了其业已完善的文本化的、基于视角的民族志实践，不断开发其他的认识方式。关键的教训是，人们不能将社会世界视作理所当然：那些最日常的事件有其复杂性和变化性，它们有待于分析，对参与者的世界观有着深远的进一步影响。

人类学为我们构建更广泛的学术生态提供了潜力，其中的技能和实践给人们提供了洞见，从而以广泛的、互相包容的方式去理解世界。人类学为建筑师们提供了方法，去解读——材料及其生命轨迹；经济及其信任与义务的网络；如何通过博物馆研究和对藏品的批评来理解保护策略；维护实践如何将清洁的理念和居住的概念定义为一个永远未完成的项目；人与其环境的共同生产，在戏剧性和宗教性的语境以及日常经历中，各种角色是如何扮演的。这在建筑上的影响是十分广泛的，它表明了关于建筑的人文学科可能会将他们的目光从西方古代经典和乡土建筑的他者化实践上移开，而转向解读我们所有对于环境的精心适应，那可以被认为是建筑化的。

建筑和生活世界

人类学是一门业已成熟和明确的学科，其中描述了对于人类社会文化之生活世界的关注。这种对**身为人类**的关注是该学科的核心，也是建筑学和人类学学科之间可能合作的根源。

在考虑建筑学和人类学如何相互影响时，**生活世界**（lifeworld）是一个基本概念。这个概念让人类学家得以考虑人与其环境相互交错的本质：在这种情况下，语境与**存在**密不可分。传统上，人类学家将其呈现为与他们自身有着不同生活方式的人们的一系列相遇：这种他者的空间是有问题的，但却为讨论引入了一种有用的批判性的距离。因此，人类学家经常远离家乡工作[1]。

建筑以不同的方式处理人和他们的**生活世界**，将我们日常生活的事实视为可以创造新的可能性的原材料。在多种多样的生活世界中，为一种对它们更加细致入微的解读提供了潜力，以一种更加微妙和睿智的方式容纳（在这个词语的两种意义上）人们的生活。这种潜力，让更具社会见地和参与度的建筑得以从对居于空间之意义的深入解读中浮现出来。人类学家迈克尔·杰克逊（Michael Jackson，2013）是这样考虑他对**生活世界**一词的偏爱的：

> 如果我更喜欢"生活世界"这个词而不是"文化"或"社会"，那是因为我想要抓住这种社会场的意义，将其作为一种力场（kraftfeld），一系列包含着思想和激情、道德规范和伦理困境的事物，经过考验的，真实的和前所未有的，一个充满活力和斗争的领域。（Jackson，2013：7）

通过回避诸如"文化"这样的类别，生活世界避免了沉淀在该术语内关于限定社会群体的一些假设。虽然它本身并不完美，但它确实有助于我们思考世界的概念如何与个人联系在一起以及人们如何在其中生活。人类学作为一门学科所擅长的事情之一是对知识及其生产的讨论。人类学挑战基于传统权力关系的知识结构，如父权制、帝国主义、学术或资本主义结构，对其他群体所拥有的知识予以同等的重视，并且通过其他认识和理解世界的方式获得知识。这些对于传统结构的挑战使我们对于身为人类栖居在世界之中，并建构一个系统的生活世界的诸多可能方式有了更加整体性的解读。为了做到这一点，人类学方法要求我们了解我们自己来自哪里，并对我们周围的世界作出更少的假设。因此，生活就是产生关于世界的实用知识。

正是这种观察、询问、参与和质疑世界的原则，而不是在已经知晓其一切的情况下走进一个语境、情境或地方，才是对建筑设计过程最有价值的：我们如何在建筑设计的过程中调动人类学的方法论和实践，从而更加仔细地定位我们的设计实践，更加充分地回应人们的需求和更广泛的环境。

生活世界这一概念的重要性在于它表明了我们不能孤立地理解社会生活的元素，而必须有一个整体性的方法，在从微观到宏观的一系列尺度下考虑以下内容：环境条件、历史遗产、政治、生态、经济和更多其他方面。即使最终的叙述聚焦在一小部分例子上，这些例子也是被选为整个语境的代表，突出了其最重要的特征，展示了另一种生活方式。

这一介绍性的章节讨论了人类学中一些关键的方法论，并指出了这些方法论在什么地方与建筑学的关注点和实践相交叉。这使得本书的主体可以聚焦在通过人类学的方式发展起来的特定案例和理论上。通过参与式观察、自我民族志以及方法论上的无神论/庸俗视觉人类学和设计人类学等方法，人们不仅可以开始与建筑理论进行比较，还可以与设计过程本身的各方面进行比较，从设计说明、语境分析、空间和形式设计、物质性到建造过程和使用后分析。

建筑业中业已存在一系列实践，以便将社会元素更充分地整合到建筑设计过程中。这些实践的结果有具体的目标，通常是针对特定类型的社区，例如弱势群体或被剥夺权利的群体。以用户为中心的设计、协同设计、人与环境研究、环境心理学、空间句法以及其他系统和过程都在试图缩短建筑师与他们为之工作的人群之间的距离，都是为了解决社会责任的设计的特定方面。我的意图并不是要轻视这些重要且不断发展的实践，而是为传统的设计实践增加进一步的细节，而非提出额外的活动和调查的工作量。

《给建筑师的人类学》提供了一种截然不同的方法，即将建筑师作为**绘图、建模、设计**及可能是**建立**文化的人，进行干预并提供一种人类学家可以对其进行经典**书写**的语境。[2]

绪论的最后总结了后续章节所采用的方法，这些章节是根据场所类型及其相关的人类学阐释来安排的。

关于建筑的人类学

在定位本书的意图时，考虑一下勾勒建筑与人类学之关系时的一些可能性是有益的。对于这一点的讨论，通常是就着"关于"建筑的人类学，"人类学化的建筑"或"建筑化的人类学"三者之间的区别而进行的。"关于"建筑的人类学通常以建筑及其实践为分析单位，通过参与式观察来研究设计者、客户或使用者及其建筑的能动性，其目的是解读有助于构建我们的建成环境的复杂的社会关系网络。在乡土建筑的研究中也存在类似的方法，其中描绘了替代主导范式的建造传统。[3]"伴随"建筑的人类学的潜力，则表明了这些学科可以彼此密切合作来产生一种新的解读方式，探索更广泛的方法论和途径，由此产生一种新的社会和空间语境。

本书对支持当代社会人类学与建筑之间强烈关联的理论进行了综述，其目的是朝着"人类学化的建筑"或"建筑化的人类学"发展。作为对人及其生活世界的研究，人类学带着其长期存在的假设，对建筑学有很大的贡献，在形成矛盾和复杂性的同时，也起着强化和阐述的作用。核心的论点是：这对两个学科都有好处，并且是所有学科交叉的根源。人类学家常常寻求与建筑学领域的建筑师和学者进行接触，他们对居住问题以及我们如何在世界中营造场所的共同兴趣形成了富有成效的讨论。

最重要的是，本书应该从什么能够帮助我们进行建筑设计实践的角度来阅读。这种实践的概念被广泛地勾画，不仅包括了对英国皇家建筑师协会（RIBA）或美国建筑师协会（AIA）等机构来说很熟悉的专业办公室和商务办公室（设计），还考虑了在建筑物尺度上构成建成环境的实践。当然，更明确的城市尺度提出了另一组问题，但这超出了本研究的范围。

最初的研究问题是：建筑师可以从人类学家那里学到什么？[4]这个问题很快就发展到了建筑师如何将人类学思维和过程整合到他们的工作中。

作为建筑师，阅读人类学家撰写的民族志记录给我们打开了一扇窗，去进入他人的世界：这正是人类学的目标。当然，当我们试图将其直接运用到设计中时，这是非常特殊和有问题的。然而，人类学可以作出贡献的地方在于理论结构的层面：思考复杂的、混乱的现实世界之情况的脚手架——比哲学的方式更合适，哲学本质上是还原性方法和对问题的抽象。人类学也可以提供方法论的途径——不是只有需要大量时间的完全参与的民族志，其他的认识方式当然也是可能的。

本书力图证明人类学思想和民族志实践对于建成环境之解读和设计的适用性。当然，这充满关联，也充满困难，建筑与设计大体上是干预性的，这一基本性质是最有问题的。惯常而言，人类学被理解为一种观察性实践——强调交互和参与，但在方法论上是无神论者，是非政治性和世俗的：采取一种不同于我们自己的愿望的立场，通过我们现有的信仰和价值体系来进行阐释。采用这些观察并对所讨论的环境作出根本性的改变，这种观念通常是人类学家所厌恶的，而它却是建筑师和其他设计师的第二天性。

我们对建筑的定义必须改变，以更整体性的方式涵盖社会领域。为了做到这一点，必须要注意人类学等学科的教训，适当地理解和采用它们的实践，使建筑能够与其从业者进行有据有识的合作。探索现有的学科交叉点依赖于和当代从业者的合作，而不是仅仅靠着我们对人类学家著作的反思。我们作为设计者对这些理论的不同解读为这种合作提供了重要的信息：作为建筑师，我们以不同的方式处理材料。讨论这个问题的一种方式，是考虑"建筑化的人类学"的平行学科可能是什么样子的，借鉴以工业和产品设计为关注点的**设计人类学**最新的、持续的发展，但仍然牢记建筑的目标和需求。设计人类学的方法以一种建筑无法做到的方式施加刺激和使用原型：不同尺度的概念在这方面是一个非常重要的问题，建筑物的大小经常会妨碍人们建立原型及在建造后进行适应和转换来解决问题，而工业化生产的规模要求产品设计高度精细化，然后才能投入上千单元的运行。尽管建筑学和其他设计学科之间有着明显的亲缘关系，但建筑学和人类学之间的交互术语与设计人类学中的术语不同，因此，我们在这里感兴趣的主要是该分支学科的形成过程以及它是如何建立起其方法论的。

其潜力是形成一种更具社会见地、参与度和敏感度的建筑，它更直接地响应人们的需求。对于建筑来说，摆脱现代主义时期发展起来的技术官僚模式是至关重要的，但它在今天仍然存在——而且也许在设计和施工过程中通过自动化被更加高效地产生出来。这一职业可以采用一种替代性的实践模式，超越专业和商业实践的需求和经济性，来产生更加整体性的建成环境。

人类学影响下的建筑所具有的巨大潜力在于重申建筑作为一门学科到底是什么。它不仅仅是经济活动——根据既得利益决定的方式来建造由市场力量决定的东西。相反，我们必须建造真正适合人们居住的、具有韧性和可持续性的建筑。这表明了面向人类学的方法需要被嵌入建筑中，而不是作为一种附加或子学科。我们需要注意建筑采用人类学思维的方式，特别是关于利用传统或乡土知识的想法。虽然这种对历史先例的恢复可能是恰当的，但它们永远只是建筑设计的选择之一：一栋重建建筑的作用并不是去监管什么是可接受的、什么是不可接受的，无论它是一种通过向其他文化学习而进行的文化挪用，还是对现代性及其技术的否定。这些选择必须留在桌面上，由建筑化的人类学以新的方式来阐明。

建筑学和人类学之间存在着密切合作的机会，而且可以说，这是一种需要。建筑物的成败与物质一样，往往基于社会条件，然而，这些问题却很少围绕着建筑的社会地位展开，例如时间、材料和其他资源的大量投入。本书并不是对两个同源学科间可能的合作的一种好奇心或一项研究，而是要提出建筑的社会性方面是至关重要的而不是华而不实的，是务实的而不是哲学的。

人类学简史

了解人类学学科的一些背景，关注结构主义等重要的发展及其在实践中的起源会很有帮助。这些主导思想的发展有时候被历史学家描绘为一系列离散的思想流派，但其实际的发展可能要比这更加丰满并相互重叠。一个主流思想流派的确定常常发生在事实之后（也有一些明显的例外），用来指称一种趋势、一系列共同的关注点和一套共享的方法。这就是为什么我们永远无法确定此刻是哪个学派在占据主导地位，但很明显，整个建筑领域有一系列显而易见的关注点，包括对环境技术和可持续性的日益关注以及计算机辅助设计和制造的发展中的形式主义。在建筑历史中，有一个后殖民理论的晚近阶段，着眼于思想和从业者的跨国流动之机制，最近又转向对于建筑实践之二阶表达形式的考察，例如作为构建建筑品位之途径的期刊、展览和竞赛。每一项这样的发展不仅要考察现有文献中呈现不足的东西，而且要建立在我们从先前的运动中学到的东西的基础上。这些学术集结不仅仅是风尚，还让我们得以集体学习，讨论共同的挑战和问题，以期在解读上取得实质性的进展。

在人类学中，这门学科源于传教士、探险家和冒险家，标志着对于文化的深入研究，并在研究的核心深处产生了一个问题，即被研究的人和人类学家之间的权力关系可能是不道德的。这种早期的人类学将人概念化为他者（Other），并通常将"O"大写。这种方法的问题在于，它以殖民主义为基础并得其支持。这意味着被早期人类学所研究的这些人们被视为异族，通常被用"高贵的野蛮人"这一术语来表达。

一个既有趣又过时的例子是詹姆斯·弗雷泽（James Frazer）的《金枝》（*The Golden Bough*）。他接受了哲学家的训练，并参与了一个描述人类历史和当代非西方世界之历史的项目。从我们今天所持的观点来看，批评他的作品很容易，因为他的一些工作在相当基本的方面误解了他所遇到的文化。事实上，他的作品在很多方面都可以被解读为潜在的种族主义。虽然今天我们对这种种族主义完全持批评态度，但这并未完全否定他的作品，其作品必须在时代背景下来阅读。尽管存在着这些不足，他的写作一直持续到1941年他去世，并且使他成了现代运动的先驱之一。

19世纪的英国把弗雷泽塑造成了一名帝国主义者。当时，英国拥有一个帝国，统治着全球的大片地区。这种自决的缺乏，在政治上当然是有问题的，作为一个帝国，英国以一种自诩仁慈的统治征服和剥削着这些国家。这些帝国主义者的信念建立在这样一种观念之上，即这些国家并不那么先进，因此我们可以帮助他们，同时将其人民和原始自然资源融入全球化的经济之中。这其中没有选择；这是西方强加的规则；这在研究者和他（因为这在当时总是一个男性的领域）遇到的人之间的关系中建立了一种不道德的权力失衡。浪漫主义是这个时代重要的组成部分，人们所谓的野蛮状态被赋予了一种缓和感与时尚感，而不是以完全不同的参照点，对这些基于一系列不同条件而展开的复杂生活进行真正的解读。

基于他自己的观察以及大量的文献，我们仍然阅读他的作品是有原因的：

> 因为弗雷泽是19世纪所造就的，我们就混淆地认为他是帝国主义者和浪漫主义者。但他根本哪个都不是，他坚信超越文化的智力上的亲缘关系，尤其是思想的首要地位。这一点很神奇：仪式虽然是模式化的，却是实践中的思想。他笔下的原住民，和他笔下的罗马人一样，拥有一套完整的、可能出错的认识论和本体论系统，甚至是技术系统。他们有观点，我们也有；他们把事情弄错了；但是最终，我们中的哪个又更聪明呢？（Frazer, 1994［1890］: xxxix）

这本书在方法上是比较性的，将对应的方法用于不同的主题，例如《森林之王》（*The King of the Wood*）、《杀神》（*Killing the God*）、《替罪羊》（*Scapegoats*）以及书名《金枝》［指的是罗马神话中带有金色叶子的树枝，使埃涅阿斯（Aeneas）能在冥界安全地旅行］。在当时一项特别大胆的观察中，弗雷泽将耶稣受难的基督教故事与其他宗教和传统相提并论，其中的国王或神明都被献祭或被吞噬，反映了统治者在变得年老体弱之前被仪式性地杀死的古老传统。

在20世纪，这种认为任何人都可以被理解为"野蛮人"的观念已经完全从人类学话语中被根除了。它作为一场运动，深深地根植于人类学的政治中，开始是一种理解具有截然不同的生活的人们的方式，在一定程度上是自然历史的延伸。社会科学的这一科学方面，已经被其与人文科学之间更强的联系所代替。

这种联系把人类学与欧洲传教士区分开来，设定了所谓的方法论上的无神论的议题。在大多数实践人类学家本身都是基督徒的时代，这种方法是必需的：当该领域中有着世界各地的人们所保持的各式各样的信仰体系时，这些信仰实际上是很难协调的。持有一种宗教信仰体系所固有的批判性，是无法与对持有不同世界观（哪怕只是稍有不同）之人进行准确、敏锐的研究相协调的，无论是其他基督教传统、小区域的宗教传统，还是其他大型的世界宗教。这对于今天持有信仰的研究者来说仍然是一个困难，但是已经进一步地发展为学科的普遍方法，使人类学家在方法论上是非政治性的、世俗的，甚至一定程度上是无道德感的：不对他们选择去研究的人作出判断。

我们现在处于这样一个阶段，人类学基于主题的分化或区域的分化被分解为不同的分支学科。因此，有一群医学人类学家、艺术人类学家，还有研究技艺的人类学家。其他人可能专注于非洲、东亚、澳大利亚或"北方"的人类学。这些分组中的每一个都促使人类学家去考虑一系列类似的问题，交叉比较并提出关于人类的普遍化理论以及身为人类的多种可能的方式。也有一些显著的例外：一些人类学家直接参与发展工作，实际上是试图在访问世界上陷入困境的地区时有所作为。其他的，例如女权主义人类学家，则直接参与到他们所选领域的性别政治中。这是人类学家非批判性趋势的另一个重要例外：从自由、机会、平等和权利等方面审视女性的生活。

当代人类学学科的奠基人之一是克劳德·列维-斯特劳斯（Claude Lévi-Strauss）。作为一名人类学家，列维-斯特劳斯众所周知地与人类学理论中的结构主义倾向有关。虽然这些思想流派和理念发展看起来似乎完全是学术上的兴趣，但是智识发现的发展仍然值得我们仔细思考。任何领域，例如建筑学、人类学或哲学，在任何给定的点上都具有某些主导性特征。

结构主义是人类学历史上的一次关键性发展，它被认为是该学科的一个分水岭。人类学家持续地使用这个术语将作品定义为结构主义的或后结构主义的。出于这些原因，结构主义理论到底意味着什么是值得仔细思考的。列维-斯特劳斯将人类生活抽象为普适性的共同结构。这些类别包括**亲属关系、宗教、神话、语言、艺术、巫术和医学**。稍后我们将看到，这一概念不仅具有其影响力和持续性效用，也遭到了否定——特别是因为它促进了普适性这一观念的形成。人类学是建立在具体的而非一般的基础上的，那么如何才能调和这种普适性的观念呢？

列维-斯特劳斯应对这个问题的方法，是在民族志（ethnography）和民族学（ethnology）之间作出区分，民族学是通过开展民族志调查所形成的比较研究（Lévi-Strauss，

1963：2）。在这种理解中，民族志是原材料，而人类学则是由此作出的分析和解读。民族学已经被英国的社会人类学和北美的文化人类学所取代，而在欧洲的学科中，民族学仍然是流行的术语。

列维－斯特劳斯研究了人类学的历史，并发展了四个研究领域：

（1）社会文化人类学（主要是社会人类学）；
（2）语言人类学；
（3）生物人类学（也称为体质人类学）；
（4）古代人类学（与考古学密切相关）。

这种模式与美国的人类学密切相关，而英国的思想流派会把社会人类学当作他们主要的关注领域。这勾勒出一门广泛的关于人类发展的学科，可以容纳对古代人类、体质生物学差异以及语言方法及其如何影响认知的研究。例如考古人类学处理与社会人类学类似的问题，它试图解读古代人的生活。现有的证据驱动了一种方法论的形成，进而产生了这样一种人类学，即以人们留下的物质痕迹为基础，而不是直接接触他们，来进行民族志式的、完全嵌入式的研究。

这种学科的分类并没有被普遍接受，即使考虑到英国对社会人类学的关注，也还是有很多子学科，每一个都有不同的区域或主题上的关注点。

博厄斯（Boas）在人类学上取得了巨大的成就，尤其是从弗雷泽的时代开始，当时人们认为人类的发展和进化是一条单一的线索，而博厄斯确立了这样的理念，即人类的发展有着多种形式和变化，为在这些进化之间实现平等打开了大门。

在博厄斯之后，马林诺夫斯基（Malanowski）制定出了缩短观察者与被观察者之距离的方法论，借此把这一学科朝我们现在所理解的人类学又推进了一步。在马林诺夫斯基的推动下，参与式观察这一概念被确立为社会人类学的主要技术。这种研究实践将研究者嵌入田野，包含数月或数年在社区中的长期生活，完完全全地参与到他们的生活之中。这推翻了早期民族志研究强调观察者之距离的假设，即为了保持客观，研究者不能介入他所研究的人们的生活。

列维－斯特劳斯接受了这种人类学方法论的新模式，但比起报告文学，他对理论化的结果更感兴趣。列维－斯特劳斯不只是描述，而且关注于描绘出在田野现场所发生的事情的意义。为此，他主张人类的生活和活动存在着共同和普遍的结构。这种结构主义方法十分自洽，包括了对田野笔记的分析以及从具体事物中把它们的内容抽象为不可简化的元素。在这方面，列维－斯特劳斯注意到了人类学家和历史学家在方法上的相似性，并提到了他对于一种早期普遍持有的观点的否定，即人类学等同于一门仅关注无文字文化的学科（Lévi-Strauss，1963：23）。

在这种人类学模式中存在着一个目标，即更加深入地了解一种现象、一种生活方式、一种文化，从而不仅了解正在发生的事情的表面，还去辨别所观察之事物核心的真实动机和意义。这些行为可能是有意识的，但更多时候是无意识的，是知识和理解之悠久传统的结果。我们得以开始理解，人类学和历史学之间的区别并不在于可用的证据的形式，而在于时间性上的特质。历史学试图找到决策模式以及更广泛的前因后果，而人类学关注的是生活的方式，人与人之间的关系以及我们如何找到其中的异同。

民族志和人类学

人类学与民族志的方法论密切相关，特别是参与式观察法。早期的民族志调查会将研究者定位为观察者，科学地保持距离以确保他们不会影响到研究主体。但这是不可能的，再加上方法论的发展，研究人员被紧紧地置于语境之中，导致了参与式观察这一模式的发展，使得民族志学家认识到并允许了他们自己的存在。[5]民族志通常包括一个长期的研究，作为人类学家自己的一种"成人仪式"，他们通常会去往另一个地方，在那里生活数月或数年的时间，在此过程中了解人们的生活方式。像大多数学科一样，该学科内部在开展研究实践方面存在着持续的危机。经典民族志采用了一种科学方法，包括试图与研究对象保持距离，以免影响它。然而，情况永远不会如此，参与式观察这一更加细致入微的方法成了常态。

民族志学家密切参与他们的研究，一直在场，于是客观性被认为是不可能实现的目标。这是一门非常主观的社会科学，有时候接近传记和自传。民族志研究由相关的故事组成，它们使人类学家得以开始发展关于他们所观察和参与之事物的潜在意义的理论。

围绕建筑实践的民族志文献在不断增加。这些文本通常被作为科学和技术研究（STS）的一种形式，并受到布鲁诺·拉图尔（Bruno Latour）和伊莎贝尔·斯滕格斯（Isabelle Stengers）作品的启发，它们试图解开设计师的工作流程、决策方式以及建筑设计作为一种技术实践的本质。这些研究是对实践运作的精彩见解，让我们得以避免个别天才建筑师的神话，全面地了解整个过程。其示例包括索菲·胡达特（Sophie Houdart）的作品《隈研吾：一部非常规的传记》（*Kengo Kuma: An Unconventional Monograph*，2009），这是与隈研吾办公室进行长期的民族志式互动的结果。该文本描述了实践的日常活动，包括建筑绘图的社会性质以及那些（所使用的）材料在设计过程中的地位。为了进一步地讨论建造过程的全部内容，雷切尔·哈克尼斯（Rachel Harkness，2011）对苏格兰**大地之舟**[6]建造者的研究跟踪了一群寻求更环保和可持续生活方式的自发建造者之间所使用的材料和知识的转移。

该领域的其他重要作家包括阿尔贝娜·亚涅瓦（Albena Yaneva）和维克多·布克利（Victor Buchli）。亚涅瓦对于OMA作品的民族志描述（Yaneva，2009）聚焦于从一个提案到下一个提案对于模型的使用和再使用，看到了一个建筑公司在单个项目范围之外的设计过程，是一个将人类学，尤其是民族志方法融合进建筑的例子——其部分原因是在尝试一种更有依据和更现代的参与式观察时所带来的困难（需要特定的专业知识而造成的问题）。布克利的《人类学与建筑》（Buchli，2013）更明确地从人类学学科的角度、从物质文化研究的角度来撰写，其关注的区域是苏联。这种方法探索了材料和对象以及人的生活故事，并指出无生命的物体也有制造、使用和废弃的叙事，这些叙事和拥有它们的人交织在一起。布克利的方法是将建筑视为一种行为主体，它以各种方式对遇到它的人产生作用，并且可以被国家用作控制人们生活的工具。在对乡土建筑进行艺术史、考古学和人类学的讨论时，两个学科之关系的历史背景是十分重要和有用的。

建筑学和人类学在观察上有着共同的根源。人类学通过对民族志田野工作和参与式观察工作模式的讨论，不遗余力地对其观察实践提出问题，很明显，观察仍然是故事的一部分。

我后续讨论的绘图采用了这种观察模式，将速写本的想法发展得可以和民族志的田野笔记相媲美，突出了它在形成理论、语境和未来行动基础方面的作用。人类学在历史上一直存在着的一个问题正是建筑中的这种未来取向，但是各种各样的激进人类学和设计人类学已经开始寻找解决的途径了——人类学可以像建筑学一样具有干预性。托马斯·宾德（Thomas Binder）在《设计人类学的未来》（*Design Anthropological Futures*）中指出，该领域的最新发展表明，**协同相遇**［collaborative encounters，Smith et al（Eds.），2016：loc. 6114］让新的生活世界得以出现。

设计人类学的进一步讨论揭示了设计可以被理解为一种刺激，设计是一种**知识生产模式**（Donahue in Yelavich & Adams，2014：38）。这种情况下，可能会需要新的方法，而不是简单地采用带着大量理论包袱的现有程序。对于将设计当作解决问题的实证主义模式而言，多纳休（Donahue，2014）提出的模型是一种替代性方案。多纳休和宾德（Binder）以及这些理论积累的其他贡献者，都是当代人类学围绕新境况进行的运动中的角色，而没有再带着稳定的假设和不断重复的社会仪式来运作。设计被重新塑造为与**未来**相联系的、关于变化的多元可能，并将专业设计人士的干预融入新兴的思想中（Smith & Otto in Smith et al.，2016：loc. 692）。

人类学中这个关于干预的难题长期以来一直是个问题——它由史密斯（Smith）和奥托（Otto）提出，但没有被完全解决：考虑到干预的理念在本质上就是和行动相对的，按照传统定义的人类学要如何去调和它？一旦我们认识到设计学科与设计师本身的专业技术和知识，联合生产的主张与社会参与的实践就只能把我们带到这一步。人类学方法并不适应传统的设计实践，即个人或团队根据客户的指示来工作，收集信息并形成设计上的变化，然后再将它们呈现给客户。通常，人类学会试图避免这种传统的例子，而更倾向于设计师与客户和使用者合作的、充分交互的实践。然而，事实上，设计仍然存在于主导范式中，尽管其中的大部分是好的。

史密斯和奥托借鉴了拉比诺的《当代人类学》（*Contemporary Anthropology*）（Rabinow 2016：loc. 718），提到了"涌现"（emergent）的概念，这一概念被用于反对关于社会再生产的传统人类学，在其中，新的、被变更和被改动的都被抹平了。我们在社会生活的新兴模式中所拥有的是这样一种人类学，它着眼于持续的重塑，创造力和文化的即兴创作，就像我们在其他地方对它可能的理解一样。关于当代本身意味着什么的想法也受到了挑战：

传统和现代不是对立的而是成对的……当代是现代性的一个动态图像，在一个将现代性视为一种完成时的历史精神的空间中，它穿越了晚近的过去和不久的将来。（Rabinow，P.，Marcus，G.，et al.，2008：loc. 645）

拉比诺把德勒兹（Deleuze）和他的思想源头柏格森（Bergson）对于"涌现"的描述复杂化了，然后将虚拟性和潜力添加到了关于未来和"涌现"的术语中。其中每一个所给出的变化都有一些区别，但可能缺乏精确性，不过重要的是，不仅要去报道哪些事实可以被实地观察到，还要去报道人们的理解存在着哪些可能性：

人类学更多地关注是什么而不是可能是什么，而且比起社会如何被改变而言，他们对于社会如何被再生产更感兴趣。［Smith，R.C. & Otto，T.，in Smith et al（Eds.），2016：loc. 747］

除了参与式观察之外，人类学还有其他方法，包括民族志电影[7]和视觉民族志的摄影实践。[8]

镜头和记录媒体的在场，被仔细地理论化为与纪录片制作相关的子学科，不仅考虑了镜头对于在它前面所发生的事情的影响，也强调了可以通过非文本方式来捕捉和传达的事物的多感官本质。

进一步的方法创新出现在设计人类学中，它们可能与建筑最为相关。作为一门分支学科，设计人类学[9]仍然相对年轻，在应用于整个设计学科时仍然存在问题：建筑就是一个合适的特例。设计人类学中对原型的使用特别有趣，人类学家与设计师和产品的终端用户一起工作，在整个过程中进行观察与合作，以了解设计对象是如何被使用的，它究竟为什么被需要以及如何最好地达到这一点。

有争议的是，一些人类学家开始质疑对于将民族志作为人类学方法的近乎排他性的关注。蒂姆·英戈尔德（Tim Ingold，2014，2017）曾写过将人类学与民族志混为一谈的习惯：

> 我坚持认为，人类学是对我们共同居住的这个世界中人类生活的条件与可能性的一种慷慨的、开放的、比较的但又具有批判性的调查。（Ingold，2017：22）

在定义人类学时，英戈尔德描述了它的关注点，即人类在社会语境中所有可能的生活方式。人类学提出的问题是：鉴于没有一种生活方式仅仅是"自然而然的"或事物必须如此的方式，那么社会生活**为什么**会这样安排？因此，他将其定义为一门**比较性**学科。

长期以来，我一直避免将我的作品定位为**民族志式的**，而是更愿意称之为人类学式的。这可能是策略性的，因为我最常向人类学家展示工作。这项讨论源于我早期的人类学工作，当时我在自己的绘图板上花费了不少时间，通过自己的工作来质询关于创造性实践的研究问题。这些对话的结果，就是强调这位新贵建筑师坚决**不做**民族志。

尽管这些项目依赖于我对另一个环境——日本的观察，但是把我的工作明确地描述为民族志让我有一点点不舒服，我更愿意主张它是人类学的另一种形式。

其中的区别可能在于民族志作为一种非判断性的报告文学形式的本质，它准确而坚定地解释了在一种社会语境中发生的事情。通过绘画和其他题写实践，我觉得我已经在通过图绘进行阐释、理解事物和理论建构方面迈出了一步。

我突然想到，如果我的绘画是在现场进行并持续更长的一段时间，而不是通过短暂的探访，然后在工作室里画出来，情况可能会有所不同。民族志田野笔记数据在即时性上就类似于在某个地方匆忙绘制的草图；在这之后，通常会对记录的事件进行更长时间的思考，从而在它们之中形成一些秩序，而这种产生意义的过程可以被看作人类学的特征。英戈尔德曾多次主张将民族志和人类学分开。这不是要保护任何一个术语，而是要在我们使用它们时更准确地表达其意义，重要的是，这打开了一扇门，使人类学研究可以通过一系列不同的方法来进行——不仅是民族志，还可以通过创造性实践，例如绘画、舞蹈、陶艺、教育等。

我所受的训练是将人类学理解为哲学传统的一种替代，其中，理论以人们的生活世界为基础，其目的不是找到一种单一的普遍真理，而是去赞颂在这个世界上身为人类的多种方式。

接下来的研究在我称之为民族志的方面和对这种情况的人类学解释之间保持了一种张力。[10]英戈尔德提出的论点可能是人类学内部的，但他强调了一些正在让民族志代替人类学的方式：作为一种不带有人类学反思元素的报告文学。英戈尔德对人类学的定位如下：

正如我所介绍的，人类学从根本上说是一门思辨性的学科。从这个意义上说，它类似于哲学，它与哲学（至少是大部分专业哲学家所实践的那种）的不同之处在于它在世俗之中进行哲思，与不同的栖居者进行对话，而不是对业已形成的理论经典进行晦涩的反思。（Ingold，2017：24）

这里的关键词是人类学在**世俗之中**进行哲思。然而，更多的是，人类学与哲学不同，它并不寻求建立适用于所有语境的单一真理——人类学尊重人们为过上他们想要的生活而为自己构建的各种可能的真理，将它们视为有效的，而不是强加一种永远不可能中立或普适的规范观念。

本书的结构

本书广泛地围绕着建筑类型这一熟悉的概念而展开，并借助于适当和相关的人类学理论对它们进行描述。这些类型被广泛地进行勾画，包括一些非常规的类型，例如临时的节日活动和不断迭代设计的市场。这些建筑类型中的每一种都可以作为不同的社会语境进行论证，这意味着既定的人类学理论经典可以对其有所贡献。

案例研究的范围主要来自我在日本和韩国的田野工作。与东京、京都、首尔和大邱等东亚城市的接触并非偶然，这不仅让我得以建立批判性的距离，而且还提供了考察其他建筑文化、社会化建造的建筑和解读建成环境的机会，挑战和阐述更熟悉的范式。田野点的呈现并不是为了表现出异国情调或奇异之处，而是代表了另一种类型的平凡。不过，作为外人是有好处的，因为研究者有时可以识别出居住者们认为理所当然的事情，并且准确地强调出为什么这些事情是有价值和有趣味的。这些案例研究展示了如何来揭示其他的建造和居住方式以及在其他地方和通过其他方法可能进行的其他观察。选择这些案例并不是为了言之凿凿地说明人类学对建筑师而言有哪些潜力。第二组选择的案例来自于我过去20年与人类学的接触，最重要的是"从内部了解"这个小组及其前身，包括"创造力和实践研究小组"。这些小组以阿伯丁大学社会人类学系和蒂姆·英戈尔德的领导为中心——一个研究艺术、建筑、设计、工艺、人类学和另类教育学之交叉的中心。这些小组的工作过程是直接参与制造实践，然后反思小组的每个成员是如何在他们自己的实践中进行语境化的。这种参与不仅仅是专著中通常的致谢部分，更是塑造本书所包含的工作方法的基础。

这本书以广泛的文献为基础，除了最近的学术研究外，还结合了两个学科的既有文本。每一章都包括对语境、相关文献和适用于该实例的方法论的讨论。理论框架与图解传统被一起使用，两者均从人类学理论和实践中获取依据。其目的是将这些方法结合起来，形成一种真正的"建筑化的人类学"，而不是"关于"建筑的人类学。

本书的一个目标是解决如何将人类学思维融入作为设计实践和学术研究领域的建筑学这个难题。人类学帮助我们以适当的尺度思考建筑的社会生活：造就了我们日常生活中的个人与个体的生活世界。

我们从第2章中关于建筑学和人类学之交叉的讨论开始。这不仅是关于乡土建筑这一传统的接触点，而且是对当代人类学及其方法论实验的讨论。因此，对于"工作室中的人类学"

的讨论将绘图实践的复兴视为建筑学和人类学之间的交叠。该讨论是知识传统之一。作为一个学科，人类学认为知识是多元的，是通过参与实践、使用技能和各种存在于世界的方式产生的。这一章的关键理论框架是由詹姆斯·克里弗德（James Clifford）和乔治·马库斯（George Marcus）编辑的具有重要影响力的文集《写文化》。众所周知，人类学在这一点上的向内转向，将民族志文本的产生问题化了，还对一些作者在论证和科学上的意图提出了质疑，反对他人以自传模式写作所探索的诗意和叙事。虽然争论没有找到明确的解决方案，但是它为讨论绘画在建筑研究和人类学研究中的角色提供了一个有用的框架。尽管最近产生了向图形的回归，但绘图仍旧是被学界和业界贬低的。不仅恢复其地位很重要，了解我们在绘图时如何生产知识也很重要。

第3章讨论最熟悉的空间：家，以及居住的概念。两个学科关于家庭生活和居住的丰富的文献为此提供了信息。首要的一点是在讨论家时尽可能少作假设，因为对于待在家里、有一个家意味着什么这些熟悉的问题，借由我们自己的经验非常容易陷入家的框架之中。

通过物质文化的这个视角来理解家，可以形成对于家的不同理解，它是一个仓库，装着与我们分享生活并与我们自己的经历相交织的东西。家的其他解读也是可能的。最近关于感官民族志的工作考量了我们如何通过丰富而重叠的感官与环境互动，这种互动的方式被看作现象学的延伸，其中存在着社会和文化上的差异。我们听到我们的家，闻到它们，并与它们进行触觉上的交互。这与**营造**一个家的关键操作之一——对它的持续维护——相交。将住宅看作一个其居住者一直在建造的地方似乎有些夸大其词，但是居住的过程对于建筑师的理解至关重要：我们保持房屋清洁、井井有条、每一件东西都"各就各位"的方式，表明了它一直在**被营造**，而不是在施工结束后就完成了。关于清洁的经典文献有助于此：玛丽·道格拉斯（Mary Douglas）关于清洁和肮脏之本质的研究表明，这些绝非普适性的分类。如果我们将污垢视为"放错位置的东西"（Mary Douglas，2002：44-50），我们就立即可以看出，这个东西应该在的"位置"是需要思考的重要问题。对一个人、一个家庭来说的干净整洁，对另一个人或家庭来说就是超乎想象的杂乱，无论是在同一条街上隔壁的房子还是在另一个大陆。

居住本身就是一个重要的概念，蒂姆·英戈尔德将其阐述为对于我们自己与环境之共同生产的广泛理解。英戈尔德主张，我们不能抽象地进行理解，而是必须始终——作为人类——在环境中进行讨论，无论是在人与荒野交互更为直接的农村环境中，还是在人口最稠密的城市中。这些环境造就了我们，就像我们也造就了它们，而家是其中的核心，是我们在日常生活中最有能力改变的地方之一。

人类学还与其他对建筑问题有所助益的学科相交叉。第4章在讨论收藏及其相关的空间（如博物馆）时又考量了其中的一个学科。对物质文化研究的讨论在这里继续，并将苏珊娜·库奇勒（Suzanne Küchler）对马兰甘（Malanggan）丧葬雕塑的讨论进一步复杂化，这是人类学中的一个经典比喻。这些雕塑通过象征性的图案收集一个人生命中的元素，然后被留在森林中逐渐分解。然而，西方艺术收藏家和策展人对这些雕塑的收藏似乎与之并不冲突，因为这些雕塑已经达到了它们的目的。最终，这些对象被复制，进而被收集，并对这些收藏作为一个过程所产生的影响提出了疑问。

这与挪用和展示有关：博物馆被设计为这样一个地方，将物品放在通常无法在自己的环境中体验到它们的人的接触范围内。这给博物馆带来了与展品之间的一种紧张关系，即主张将其从功能中剥离并简化为一个更大系列的代表，如同鲍德里亚（Baudrillard，1994：7-24）所描述的一种"宠物"。在给出的例子中，博物馆的概念被推向了它的极限，即类似于乔伊·亨德利（Joy Hendry，2000）所描述的那些露天建筑博物馆。在这里，建筑物在其现有环境中被拆除，并在博物馆里重建，与其他建筑类型和其他时期的范例并置在一起。

建筑保护与此类收藏有着共同的根源，其中会对建筑案例进行辨别，然后作出哪些要保留、哪些要去掉的管理决定。这一点可以在首尔韩屋四合院的保护中观察到，一些案例被移到一起形成了韩屋群以供游客欣赏；其他的则移进"韩屋村"，但保留了它们的居住功能，同时也建造了新的韩屋，它们通常靠近保护村落，但有时候会对现代生活做出让步，例如在结构的石制基层中加入车库。

经济交换是人类学家探索的另一项基本的人类活动。这与有关礼物交换的理论相交叉，后者认为，接受礼物的人处于恩惠的回报中。因此，受到众多人类学家评论的莫斯的礼物交换理论构成了经济交换的基础——资本主义的交换只是其中的一种模式。第5章援引了首尔的城市市场和东京最近空出的海鲜市场，讨论了这些合作、竞争和义务的理念。

形成这种市场的非正式建筑可以被当作另一种建筑类型的原型，与西方建筑史经典中关于什么是建筑、什么不是建筑的假设相悖。这里所提议的是重新考虑空间被定义、改变、维护和管理的方式，这可以为建筑提供另一种宣言。的确，一旦将其作为建筑进行探索，如果建筑要涵盖人类所有的空间营造活动的话，那么，一种完全不同的、相互共存的、物质手段最少的、合作的、便携的建筑就成为可能——当这种建筑不再被需要时，可以在夜里打包收走，或者当市场中另一方的店家的库存需求变化时，可以被相应地进行调整。[11]

第5章讨论物质文化研究。这次是阿扬·阿帕杜雷（Arjun Appadurai）的工作以及他对于商品阶段和事物待选性的定义。一样事物何时被认为是一件商品是一件带着动态目标的事情，建筑与此有着复杂的关系。土地储备的当代实践和将房屋用作储存财富的便利场所的行为[12]，是更广泛的住房和财产金融化过程的一部分，这使得年轻一代在没有来自家庭的大量资金的情况下越来越难以拥有自己的房屋。

移动是我们的空间体验的一个重要特征，从让我们得以接触门把手和其他开口的小动作，到维多利亚时代的城市和柯布西耶式别墅中特意设计的漫步。第6章详细讨论了这种最常见的做法，考虑了我们可能会迷失或找到方向的方式。对于身体健全的人来说，步行是一项如此日常的活动，以至于用批判性和理论性的眼光看待它似乎很奇怪。存在着多种不同的步行实践，它们各自具有其社会意义。正如莫斯所描述的，这些**身体技巧**包括登山者在登临各座山峰时的耐力和在大型地铁系统中穿梭的技能（Lucas，2008b）。

通过改变步行方式激活空间是宗教和世俗节日的一个特征，这一点是援引京都的新年庆祝活动来论证的，这些活动将城市用作庆祝活动的舞台。让－弗朗索瓦·奥古亚德（Jean-François Augoyard）的"流动性社会科学"描述了各种路线、运动、停止和返回。在这里，假设被分解，日常导向活动中的广泛变化被揭示出来，展示了简简单单步行到商店这样的动作背后的复杂性，所有决定都是在确定路径的过程中做出的。

虽然人类学处理的很多是日常生活，但也需要提一下对于刻意表演及其相关空间的讨论，就像我在第7章中所做的那样。当然，关于表演，人类学有大量的著作，其中最著名的当属维克多·特纳（Victor Turner），他对戏剧表演的临界条件和阈限的探索是以与建筑密切相关的语言来表达的。在第 9 章中，我再一次从日本建筑中抽取了示例，以隈研吾对于能乐剧 [13] 设计的描述开始。

其他的日本戏剧传统中包含了一种类似的用于辅助表演的桥梁元素，本章描述了歌舞伎表演舞台内外的各种元素。这里运用了叙事空间等叙事理论的思想，用作特纳详述的阈值空间的补充。其中出现的是表演中对于参与者的复杂安排，他们中有一些存在于故事世界中，而另一些则被认为是邻近的或完全局外的。这为理解表演如何激活整个城市区域提供了一个框架，就像东京"下城"浅草区的年度节日三社祭 [14] 一样。这座城市通过正式游行、神舆和街头派对等活动被体现和表演出来。这个由存在于熟悉空间中的临时建筑、移动建筑和其他呈现形式所组成的集合，说明了展示和表演可以塑造和影响建成环境的多种方式。

第 8 章通过考察一系列旨在容纳日本料理之特定内容的餐厅空间，考量了食物在日常生活中的地位。这是通过从最早的民族志延伸到当代人类学的文献来构建的；这就是我们的饮食习惯的基本性质。所描述的空间展示了各种菜肴如何共同创造出非常独特的餐厅形式，再一次表明，我们需要打破关于人们如何准备食物和吃饭的假设，即使是在餐厅这样的商业环境中。克劳德·列维 – 斯特劳斯以讨论生食和熟食的区别而闻名，他把准备食物的活动抽象为"味素"（gustemes） [15]。除了列维 – 斯特劳斯详述的对于文化和自然过程的抽象之外，各种社会压力也产生了食物消费的形式，例如新鲜食材和烹调过程的展示就应对了居住性城镇的基础设施条件以及长时间的工作。

我们的食物不仅仅是文化规范和态度的反映，而且其本**身就是**文化的一个重要元素。对于玛丽·道格拉斯所说的**饮食活动**中潜在的政治、经济和社会阶层进行更多了解，能够让我们更好地理解日常生活中的这一重要元素以及它是如何被建筑化地构建起来的。日本料理提供了一系列例子，从精心制作的多道菜肴的怀石料理到节日期间非正式的街头用餐，每个例子都展示了建筑形式与我们的饮食的社会性之间清晰的多感官关系。

第 9 章的结论表明了我们可以如何开始汇聚一种人类学化的建筑：这种汇聚本质上是复数的，它们可能会在不同语境中找到不同的方法。

本书围绕着多种建筑类型展开：工作室、家、博物馆、市场、神圣空间、剧院、餐厅和节庆建筑。其目的不是将特定的人类学理论与每个例子联系起来：英戈尔德的居住视角在解读剧院方面同样有用，道格拉斯关于纯净和清洁的概念可以清晰地应用于宗教空间，品克（Pink）的感官民族志也可以很容易地应用于博物馆，盖尔（Gell）等的能动性理论非常适用于市场和表演空间。本书的目的也不是提供一份详尽的人类学理论清单。例如对亲属关系和仪式就没有明确的讨论，但很可能在许多章节中找到相关内容。

人类学理论对于建筑环境具有普遍的适用性，这将在结论章更加深入地加以探讨，它提出了一个问题，即：建筑师可以用它做什么？你可以用"人类学化的建筑"和"建筑化的人类学"做到或达成什么？

注 释

1. 与许多事情一样，情况并非**总是**如此，人类学家有很充分的理由来讨论他们"在家"的情况。在人类学家希望呈现他们自己的生活世界时，这一情况最为常见，无论是作为边缘化或是呈现不足的群体的一员，还是作为一种自我民族志：借鉴自传发展而来，批判性地参与自己的生活、实践、互动和语境。

2. 参见 Clifford & Marcus（2010），了解更多关于"写"文化的概念以及在人类学话语中围绕它的争论。

3. 参见如 Brunskill（2000）、Glassie（2000）、Oliver（2003）和 Rudofsky（1981）。

4. 在和人类学家的讨论中，我还谈到了人类学家可以从建筑师那里学到什么的问题。这里的重点是建筑学可以从人类学那里学到什么，但这并不是说建筑学作为一门学科处于更初级的位置——人类学可以从建筑师所理解的空间状况、物质性和建造的复杂讨论中受益良多。我们的知识基础业已建立，并且为人类学家所强烈需求。

5. 参见 Lucas（2016：10-11），了解关于建筑历史的主位和客位的讨论。

6. 一座由轮胎制成的生态建筑，利用蓄热体和太阳能保持自身温暖，提供自己所需的电力、供水和污水处理。——译者注

7. 有关视觉人类学的更多信息，尤其是它与民族志电影制作的关系，参见 Grimshaw（2001）和 Grimshaw & Ravetz（2005）以及 MacDougall（2006）。

8. 有关聚焦于基于镜头的媒体的视觉民族志方法，参见 Pink（2007）。

9. 有关设计人类学中方法论问题的进一步探索，参见 Gunn（2008）和 Gunn & Løgstrup（2014）。

10. 我要感谢由劳伦·斯塔尔德（Laurent Stalder）和界岛桃代（Momoyo Kaijima）于 2018 年 11 月在艾因西德伦（Einsiedeln）组织的一场关于**建筑民族志**的活动，它引发了对于我的作品的民族志特性的一些观察。这如今仍然是我自己工作中的一种张力，很有可能是富有成效的。参见 Kaijima, Stalder & Iseki（2018）。

11. 该市场的其他方面，例如其对于表面的细微规定以及对所施加的基础设施的限制，将在别处讨论。参见 Lucas（2017a，2020）。

12. 韦德·谢泼德（Wade Shepard，2015）就中国空置城市的建设给出了令人信服的说明，在这些城市中，公寓是在定居点完成之前作为投资来被建造和购买的。事实上，在这些情况下，建造让这些地方宜居所需的基础设施可能需要很多年。

13. 能乐剧是日本的一种传统戏剧形式，大约发展于 14 世纪。——译者注

14. 三社祭，东京的传统祭祀庆典活动，每年 5 月在浅草神社举行。——译者注

15. 意为味道的最小单位。创立结构主义的语言学家索绪尔在对语言的研究中提出了语言的最小单位"音素"，列维–斯特劳斯在发展结构主义的过程中也相应地提出了神话的最小单位"神话素"，因此，此处相应地将味道的最小单位翻译为"味素"。——译者注

2 题写实践与人类学

引言

由于本卷的许多内容都依赖于绘画、图表、符号和其他形式的记号，因此，去探索这可能意味着什么非常重要。这本身就是一种不寻常的人类学，但是它旨在将建筑研究和人类学研究的实践联系起来，其出发点是将这项工作置于实践理论之中。绘图最重要的不是"完成"的物品，而是制作它的过程。这个过程可以包括所用的关注和感知的形式、做出手势所需的手眼协调以及在表面上留下痕迹的材料。作品若是被接受，实践就会继续：只要其他观众可以从中感受到新的意义，它就永远不会真正被完成。

绘图在人类学实践中越来越受到关注，最常见的形式是透视草图和绘本小说风格的连环画。本章的论点是：可以大大扩展，把建筑绘图的传统纳入进来。建筑师在绘图时，会将特殊的个人符号和稳定的编码惯例混合使用。这些在建筑设计过程中具有不同的作用，也可以在人类学研究中服务于不同的目的。"题写实践"一词用于回避围绕"绘图"可能包含或不包含哪些内容的争论，并将讨论重新定向到在表面上或表面内形成有意义的标记的实践。

本章简要概述了人类学中绘图的现状，然后对通过绘图可以产生哪些知识进行了个人的，或许是自我民族志的描述。仅仅说题写实践使得替代性的知识得以产生，和民族志驱动的人类学文本相当并且是它的补充，这是不够的。这种知识的特征是相当隐秘的，通过将对象编码为平面图、剖面图、轴测图或其他形式的图绘，潜在意义和理解的密集结合成为可能。

工作室里的人类学

迄今为止，设计人类学和建筑实践的人类学都将设计工作室本身作为人类学凝视的主题。虽然本书的重点在于别处，但从中可以学到很多东西，尤其是在将工作室作为一个被考虑的场所进行解读这一方面。

工作室可以代表设计过程，代表建筑上的思考和知识的生产。虽然建筑实践还有很多内容，但许多关键决策都是在工作室，在办公室，在绘图板上或在 CAD 界面中作出的。将其理解为一种熟练的实践，对于让该学科接受其他学科的影响来说至关重要。甘恩（Gunn，2009）、叶耶娃（Yaneva，2009）和胡达特及米那托（Houdart & Minato，2009）等的研究都以不同的方式探索了这个概念，无论是在教学工作室还是在国际专业实践中。

建筑是一系列可以作为实践结合在一起的活动——一组连贯的实践，其中包含产生知识的技能和机会。格雷戈里·贝特森（Gregory Bateson，1972）建立的"生态思考原则"在这方面很有帮助，因为它是一个框架，通过它，我们自己的假设和操作偏见会受到挑战，并被置于更广泛的语境中。语境的深化和拓宽对于发展更具人类学敏感性的建筑而言至关重要，贝特森与詹姆斯·吉布森（James Gibson，1983，1986）等其他人的观点是一致的，他们认为知识的生产与它产生之时之地的语境相关：历史语境、制度和专业语境、自然和社会语境、政治和经济语境。这些中的每一项都有助于知识的生产，无论其表现为一篇文章还是一栋建筑。贝特森（Bateson，1972：xxviii）坚持，每个领域都有自己的**权威**，这意味着为了开展研究，业已建立的抽象原理需要与直接观察接触，以充分利用每一种认知方式。

本章着眼于解读工作室实践，更具体地说，是能够获得人类学洞见的题写实践。以这种方式产生的知识不同于基于文本的传统论证形式，而是在一个颇为不同的框架内运作。我使用"题写实践"一词把制作标记的活动归总在一起，例如绘画（以多种形式）、制图、符号、图解、草图、油画，甚至手写或书法。根据记录者在缩小关注范围时所使用的规则，这些中的每一个都有其自身的优点和缺点。每种传统都在编辑世界，通过轮廓、阴影、象征、比例和位置上的传统手法来限制图形表示的范围。草图可以捕捉瞬间，但没有其他表现形式那样高度的准确性；地图可以描述地形，但只能表明那里实际发生的情况。然后，每幅图都是一次编辑，是对相关问题的选择。

虽然工作室实践暗示了一个地点、一个场所，但它通过职业教育模式和一些实践理念进入了建筑。在工作室里教学，让建筑教学可以根据学生的水平来操作具有适当复杂性和语境的项目，逐渐提高复杂度和学生的自主性。当代建筑教育将建筑实践的模拟与这样一种环境结合在一起：在其中，实验与冒险作为学习过程的一部分是得到鼓励的。建筑设计的复杂性决定了它需要在技术教育，理论、历史和人文学科，专业和法律实践等方面进行多层次的教育。绘图和模型制作等技能也是学习如何进行现场调查和分析先例的一部分。而工作室正是这些元素汇集在一起的地方，尽管建筑实践中的办公环境存在差异，但工作室的隐喻显得尤为突出。

图绘文化

这本书的标题表明了建筑可以在学科层面从人类学中学到很多东西。这是毫无疑问的，就像在任何跨学科转移中一样。这种知识转移在内容和方法上都很重要。从另一个方向也可以这样说：在与建筑的相遇中，人类学不应该一成不变。正如引言中所概述的，建筑学和人类学之间重叠的兴趣领域是合作的一项基础，但一个更基本的问题仍然在于知识究竟是如何生产的。

建筑生产知识的一种方式是通过绘图[1]，这是人类学圈子里越来越感兴趣的一种实践。绘图为我们思考的方式开辟了一系列选择。对绘图的追求常常被认为是创造性的、基于工艺的实践，但这并不是全部。事实上，绘图在建筑话语中的地位与人类学中关于写作的讨论相似：最近的题目包括《建筑绘图之死》（Scheer，2014）和《为什么建筑师仍然绘图》（*Why Architects Still Draw*）（Belardi，2014），这两者都说明了绘图这一概念的危机——尤其是随着无处不在的数字实践的出现，例如计算机辅助设计（CAD）、建筑信息模型（BIM）和三维（3D）模型制作及打印。这种末日宣言的结论往往是要恢复绘图的地位，它现在包含了更广泛的实践，来构成"绘图"这一形式。将这些不同的绘图理念结合到一起的元素被松散地称为绘图的共同逻辑。手绘草图、测量透视、成套正投影图、平行投影和 CAD 图纸，通过若干软件合成的渲染模型以及一系列个性化的图表和符号标记等不同的实践，为什么都被认为是绘图呢？有一种专业上的怀疑，认为"美丽"的绘图隐藏了一些东西，其论点类似于由詹姆斯·克利福德和乔治·马库斯所编辑的颇有影响力的人类学文本《写文化》所提出的论点。

认识到绘图和其他题写实践作为知识生产活动的效用后，人们对图形或绘图人类学和社会科学的兴趣越来越高，例如迈克尔·陶西格（Michael Taussig）的《我发誓我看到了这个》（*I Swear I Saw This*）（2011），安德鲁·考西（Andrew Causey）的画作：《绘见：作为民族志方法的绘图》（*Drawn to See: Drawing as an Ethnographic Method*）（2017），以及安贾·施万豪塞尔（Anja Schwanhäusser）的《感受城市》（*Sensing the City*）（2016）系列和英戈尔德的《重绘人类学》（*Redrawing Anthropology*）（2016）等书籍。尼克·索萨尼斯（Nick Sousanis）的《非平面》（*Unflattening*）（2015）是一个特别值得注意的例子，因为该作品整体是以绘本小说的形式呈现的，并在此基础上作为博士论文提交。每年都会开展关于在民族志中使用绘本小说和草图技术的实地考察，而且像"从内部理解"[2]这样的研究小组的工作已经开创性地证实了图形作品也可以作为人类学。马克·希金从人类学的视角（2016）记述了我们绘图时在做什么，他得出的结论是：我们通过绘图来呈现事物。而最近的工作已经转向考量想象力及其在人类学话语中的角色。埃利奥特和乌尔哈因（Elliot and Culhaine）编辑的《一种不同的民族志》（*A Different Kind of Ethnography*）探索了许多选项，把替代性实践视为其他形式的民族志交互，而不是完全不同的东西，其中提出了更具包容性的民族志三个分支的模型（2017：9）。这里面有熟悉的参与者观察模型，还有访谈和文档证据分析、档案研究和学术研究。这使得后殖民时期的"内部人"民族志得以扩展，脱离由旅行的外来者进行田野调查的假设，由完全从创造性实践的内部来进行调查的民族志学者来达成所谓的结论。

本书的目标之一是发展建筑人类学的概念。这是在设计人类学的背景下提出的，后者是一个业已建立的研究领域，即人类学家和工业或产品设计师与终端用户共同合作，从而改进设计过程。这种方法虽然很有趣，也是一种设计师与用户互动的潜在模型，但我的目的是在一个稍稍不同的方向上发展"建筑化的"或者说"图形化的"人类学。

绘图、图形表达或**题写实践**的形式对于建筑人类学实践的发展很重要。"图形化的人类学"之于"建筑化的人类学"就像**民族志**之于传统的**社会人类学**一样。其目的是与建筑师和人类学家一起开发这种方法，来鼓励建筑师们更详细地考量空间中的社会生活，使人类学家接受绘图可以是写作的替代逻辑。绘图能够承载与书面文章一样多的东西。事实上，一幅画（广义上的）可以提供文本所不能提供的广泛的交流机会。

人类学有一部颇具影响力的著作为绘图提供了一个有用的类比，即《写文化》（*Writing Culture*），由詹姆斯·克利福德和乔治·马库斯编写于1986年，关注书写文化的人类学项目。对这种基本实践的关注揭示了该学科作为一个整体的复杂性。鉴于人类学通常以论文、专著或文章的形式传播（尽管视觉人类学的纪录片制作最近有了发展），这种实践的本质是什么？存在这样的危险——这些询问可能会导致一些学科性的自我反省，而回到这场辩论的前景往往让人类学家感到某种恐惧。我在此处的目的是用克利福德和马库斯讨论书写文化的那种方式，讨论**图绘文化**的可能性。

该系列的目的不仅仅是提出民族志写作的问题，还有推动学科朝着更具吸引力的文本发展，远离社会科学的"科学"抱负。这背后有许多驱动因素，它们来自于当下的学科性质。抱着冷静描述的目的往往会抹去最有趣的元素，而且该书的作者们认为，其实没有办法能真正地从人类学家们的描述中把他们抹去。此类描述所声称的权威是没有根据和无法支持的，它们让那些有争议的情形似乎完全被解决了。该系列是人类学内部普遍趋势的一部分，即与领域内的受访者共同生产知识，而不是记录他们的生活；人类学开始致力于随着他人的生活来写作。研究者总是在场并牵连其中，以至于一种中性的、冷静的语言变得越来越不真诚。

马库斯和克利福德以及他们书中的作者发现，当关注叙述的伦理时，以传记的方式写作是有益的，甚至有些诗意。人类学越来越强的现象学立场需要更加关注感官知觉，正如我们将在本章和关于饮食文化的第 8 章中看到的那样，感官是认知和知识的一部分，而不仅仅是其前驱。民族志描述和人类学理论的语境化必须包括研究者的在场，特别是当他们的在场可能已经在实质上改变或挑战了社会动态的情况下，就像女性研究者身处男性主导的环境中时那样。

我们呈现事物的方式很重要，而《写文化》把更广泛的行动合并在一起去更加仔细地考虑人类学生产的方式，并开辟了这样的可能性，使得诸如绘画这样的创造性实践被用来表达民族志田野工作中随机应变的、个人化的体验。对于美的怀疑在建筑中是相当出乎意料的，建筑被理解为一门创造性和艺术性的学科，尤其是从外部来看时，但这种不适的根源在于用奇观掩盖了设计功能的缺陷。

我为何绘图

在这个部分，我的标题借用了乔治·奥威尔（George Orwell）的一篇著名的短文，他思考了"我为何写作"［2004（1946）］这个主题。这是一个看似复杂的问题，我觉得这个问题需要仔细推敲，因为就像奥威尔的写作一样，我在童年和成年生活中一直在画画。

奥威尔根据四个动机来构建他的论点：

（1）纯粹的利己主义；
（2）审美热情；
（3）历史冲动；
（4）政治目的。

纯粹的利己主义并不像乍看起来那样轻浮，而是表达了一种简单的、为了他人的欣赏而创造事物的冲动。当然，这不是一件坏事，这只是创作冲动中的一个事实；很少有东西仅仅是为了自己的欣赏或利益而被制造出来的。事实上，奥威尔赞扬这种利己主义，它使得有创造力的个体得以继续过自己的生活，而不是将其纳入他人的意志里——无论是通过工作还是其他生活方式——那会妨碍非功利主义的、原创的、自由的思考。

审美热情也不能被轻易否定。尽管美学相当不时尚，但它仍然是一个强有力的考虑因素和行为驱动力。这是一种"分享自己认为有价值且不应错过的体验的愿望"（Orwell，2004：5）。这种动机有时被视为"灵晕"（auratic），就像阿多诺（Adorno）的美学理论［2004（1970）］一样，该理论对美持怀疑态度，并通常具有非常充分的理由。审美的范畴不仅包括美，还包括崇高、怪异和荒诞。迷失在细节、构图中的色彩或包含体验的场景中，都是这种审美冲动的例子：单单只是想要去描绘的愿望就是一个强烈的动机。

历史冲动的核心是理解、寻找真相和见证事件的愿望。这可以存在于记录场景和事件的方式中，也可以存在于用抽象模型或视角来观察和理解世界的尝试中。因此，每一个被制造出来的标记都可以被理解为"属于它的时代"，无论这个标记是要尝试打破传统，还是要复兴传统的表达形式。就像对旧形式的引用或模仿一样，这些先锋运动也无法免于被视为历史记录的一部分。[3]

最后是**政治目的**，它展现了这些动机相互交织的性质。此处所指的是其最广泛的含义，也可以解释为某种形式的理论、道德意图或反思。其中的关键在于"目的"而不是对政治的调用，它被给予了"将世界推向某个方向的愿望"的简单定义，并且持续地诉说着"艺术应该与政治没有任何关系，这本身就是一种政治态度"。

这最后一个类别也很有趣，因为奥威尔将其定义为他作为一个作家所认为的最重要的类别。考虑到其写作的明确的政治性质，这应该不足为奇，但这种偏好背后的原因是具有启发性的，而且满足了我对绘图的关注：它是有目的的，并且在一定程度和方式上潜在地富有理论意义，与书面文字完全不同。[4]

我想讨论的第一幅画是一系列纸上的水墨画（图 2.1）。墨汁是中国的，用砚台和水将固体的墨块磨成墨水而来。纸张是日本书法纸，半透明而多孔。这些画上的场景来自我访问日本期间拍摄的照片。摄影的引入让事情变得有些复杂，因为我们已经远离直接的体验了。稍后我们将看到，这是一种程度上的差异，而不是类型上的差异。画的材料很重要，值得一提。尤其是支撑物的质量以及表面的吸收性，对毛笔形成的线条有着根本性的影响。墨汁可以根据需要与水混合形成不同的浓度，它与这幅画的整体技术相结合，迫使我的手形成一组特定的笔触。

最值得注意的是，水性墨汁会立即被吸收，最好的情况是产生羽毛状的轮廓，最坏的情况是大块的灰色斑点。更浓稠的墨汁也会被吸收，除非施以有力而刻意的笔触，不过纸张只比 A4 大一点，在这么小的尺幅下是很难的。被吸干的墨迹也有它们的作用，当我学着使用介质和支撑物来工作时，我的笔触就增加了。

 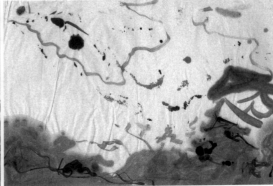

图 2.1　姬路城的水墨画

每幅画中都包含着绘制它的手势的痕迹。这些标记的速度、方向和迟疑是显而易见的，它让人们得以解构绘画并阅读每一处标记的意图。观看者可以在这样的图画中将其与他们自己在纸上做标记的实践或意会知识联系起来。然而，这不是此处的焦点，因为我讨论的是**我**为什么画画。这在很多方面来说都是一个更有趣的问题，并且很好地回应了奥威尔的写作动机。

这样来表述这个问题可能是有用的：绘画会导致什么样的观察？这些画构成了对主体之形式和运动的沉思。运动可以被提示出来，就像在树的例子中那样；这在相扑场景系列中展示得很明显（图 2.2）；而在姬路城的坚固永恒中缺席。这种具象绘画的过程是这样一种形式，即非常详细地关注场景，聚焦，也许更重要的是，仔细地整理以找到手头场景的一种本质。

这种纸上工作常常可以服务于跟其他表现形式不同的目的。这可以从导演和电影理论家谢尔盖·爱森斯坦（Sergei Eisenstein）制作的图纸中清楚地看出来。爱森斯坦在他的一生中不断地绘制这些图画，这并不是涂鸦，而是为了一个完全不同的目的，为了他的电影。人们可能会认为这些绘画的质量比较初级，类似于画家在为更大的作品组织元素的构成或形式时而绘制的草图。首先要考虑的一个方面是所绘线条的直接性；这些在很大程度上是为自己而作的画。纽约绘图中心的凯瑟琳·德·泽格（Catherine de Zegher）指出，这些绘画是"他无法用语言表达的动机和情感"的出口（de Zegher，2000：5）。

在对自己的绘画实践精彩的沉思中，爱森斯坦反思了绘画和舞蹈之间的亲缘关系，认为："绘画和舞蹈是同一棵树的枝丫"（Eisenstein in de Zegher，2000：26）。他在《我如何学会绘

图 2.2　相扑手的水墨画

画》（*How I Learned to Draw*）中的描述记录了他对线条的迷恋，从早期对纯粹的、批判性的、"数学化"的线条的尝试，到他在思考对狐步舞的热情时对"线条的自由奔跑"的重新发现，与他年轻时采用规定好的刻意舞步的踢踏舞课程相比，狐步舞被认为是"可以悬挂任何自由、即兴动作的钉子"（2000：29）。

除了已经唤起的在主题上的自由——政治讽刺、色情和宗教意象——德·泽格在她的目录介绍中指出了爱森斯坦其他不同的目的（我们在这里可以直接看到奥威尔的**政治目的**这一动机），它们的表达可以适度参考爱森斯坦在电影中快速的、并列的、高度说教式的蒙太奇的方法。

在我内心深处，在所有即兴表演的自由路线、流畅的绘画线条或舞蹈的自由奔跑之间存在着一个长期以来的冲突，它只服从于意图的自然节奏内在脉搏的规律（一方面）以及经典、刻板的公式的约束和盲点（另一方面）。（Eisenstein in de Zegher，2000：31）

我的笔墨画试图解读我所看到和记录下的东西。这种画超越了摄影的记录，而形成了对于瞬间、对于正在展现的力量、对于体量和形式、对于光明与黑暗之游戏的长时间沉思。作品的客观质量和价值在这里不太是一个问题，所以我不对画作的质量作任何要求，而是专注于绘制它们的过程和目的。这稍稍消除了奥威尔的第一类利己主义的动机，但其中的一个因素仍然存在。这里，更重要的是第二类动机：审美热情。根据这个定义，审美欣赏是一种专注于瞬间和体验的解读形式。根据这些体验而进行的绘画行为是在试图延长那个瞬间，不是把图像看作未拍摄的电影剧本的单帧画面，而是把它看作一整套动作的典例或封装。这些画所暗示出来的动作描绘了相扑在整体上舞蹈般的性质，所有预期中会发生接触的点以及其最终依靠本能形成结果的竞争性特质，还有平衡与沉着。

我也意识到了这幅画本身的物质性。作为一项技术，墨汁和纸张为表达提供了一种特性，即最好从一臂远的距离观看，而不是把原始尺寸放大了数倍的数字投影。考虑到纸张的珍贵，在工作室的学习环境中处理图纸既是恭敬的也是务实的，一旦获得许可，就有机会添加、修改或删除。

姬路城的绘制在这方面尤为有趣。以这种方式绘画时，我会在正在绘制的画下面放几层白纸，这些纸通常会从上面吸收墨水留下的痕迹。在这个例子中，那幅画画得不好——这是该媒介的一种具有风险的性质，在这种情况下，人们必须迅速做出记号并付诸行动，没有去修复错误的可能。当想画的画失败而被弃用时，底下的纸张尽管存在缺陷，却还带着设想的构图。一旦这些湿痕干了，我就用底下的纸张绘制一张更接近我的意图的新画。一些意外的痕迹仍然存在，例如天空中的灰色斑点，可以把它伪装成一朵云，但我选择把它留下来作为最初画画的痕迹。于是，这幅画就是绘制它时所用技术的直接结果。

关于见证

查尔斯·波德莱尔（Charles Baudelaire）作为诗人而闻名，他的文字描绘了 19 世纪巴黎的早期现代阶段。波德莱尔对散文家沃尔特·本雅明（Walter Benjamin）后来的作品产生了影响，他在波德莱尔的鼓动下颂扬了现代城市的生活。在波德莱尔之前，默认的做法是批评和谴责现代城市，认为它是一个糟糕的、地狱般的居住之地：拥挤、异化、没有人情味、混乱和没有人性。

波德莱尔在城市中发现了奇迹和美丽，对城市中发现的特征进行了分类和描写，它们是城市所独有的，在其他地方找不到的。

除了他的诗歌外，波德莱尔还被认为是艺术史和批评写作的早期典范。我们在这里特别感兴趣的是他的论文《现代生活的画家》[2006（1863）]，其中讨论了一位并未被广泛认可为艺术史上的重要艺术家的康斯坦丁·盖斯（Constantin Guys）的作品。波德莱尔感兴趣的是盖斯记录日常生活的方式：见证。

波德莱尔就一系列时尚版块进行了写作，描写了从大革命到1863年写作时的风格，他发现这是非常有趣的历史文档，反映了当时的日常哲学。波德莱尔并没有建立绝对美的"学术理论"（2006：3），而是试图推广一种基于理性主义和历史语境的美的理论：第二个因素在意图上几乎就是人类学的。他的目标是摆脱对于美的古典解读的单一性，并在此之上增加一个环境层。波德莱尔写作时正处于美和美学的概念被激烈争论的时代，而一种普遍的观点是：存在着一种绝对美的基本和经典的概念——一种对所有地方和时代的所有人都普遍适用的完美。波德莱尔对这一点提出了一些挑战，但并不是全面性的，他提出美的两个部分在平衡中相互作用，这种平衡如果没有他写的历史文档就会很难辨别。

这一挑战是摆脱经典模式的重要一步，如果这次还没有对其彻底摒弃的话，那未来总会有完全摆脱的一天。这里需要注意的重要一点是，时尚版块和盖斯的作品代表了波德莱尔对于美的语境要素的关注。

这对于构建本文来说非常重要，而且为讨论绘画和观察的主题、形成记录和看到日常生活中的价值提供了机会：

因此，作为了解盖斯先生的第一步，我想请您立即注意到天才的主要驱动力是**好奇心**。（Baudelaire，2006：7）

好奇心的概念对于波德莱尔对艺术家的解读来说至关重要。这个人必须真正感到好奇，这是一个有趣的焦点，但重要的是要强调艺术的语境在这个时候是变化的，同时意识到无论在哪里，人们的日常生活都和教会富有的赞助人或贵族一样有趣。在19世纪，艺术正朝着日益民主化的方向发展，艺术家会把目光转向与自己相同的人，就像他们关注富有的赞助人一样。

推动这一点的必须是对于人性、城市环境以及我们在社会上安置自己之方式的真正兴趣。波德莱尔热情洋溢，稍稍夸大了艺术家的作品的价值，但仍然保留了一些重要观点。最值得注意的是，他写到了艺术家对于记录其特定年代之"步态、目光和手势"的责任（2006：13）。这表明，草图在捕捉这些与时代相关的姿态和服装的细节上是非常重要的。就以举止这个观念为例，即人们在行动中的姿势和方式。这在很大程度上受人们穿着的服装的影响。记录人们的时尚——他们如何坐在咖啡馆中，他们如何处理事务，这是艺术家所扮演的重要角色。我们将在后续的章节中讨论走路，此刻值得注意的是，哪怕像走路这样简单和日常的事情，在文化和社会上都是特定的。

可以说，旁观者变成了翻译者，而翻译总是清晰而令人兴奋的。（Baudelaire，2006：15）

这段简短的文字概括地说明了本章的主题：旁观这一行为是重要的、认知性的。谈到旁观行为的重要性——这表明它是深思熟虑的、有针对性的、专心的。这不是某种被动的接受，而是以特定的方式转向对场景的凝视和感知。波德莱尔重点通过绘画的方式进一步描述了这种感知的一些实际过程：恰当的草图（2006：17）。他的创作过程从旨在记录构图的很轻的铅笔草图开始，接下来是着色和洗色，给标出的区域赋以内容。完成这些后，从底图中选择墨线，完成已经开始的工作。据说，这个过程让盖斯得以在短时间内连续完成多幅画作，迅速完成一系列工作，并始终可以选择要遵循哪些线条、完成哪些研究。

波德莱尔的论述中有几个值得讨论的要素。考虑到任何草图实践都有内在的选择过程，从较轻的铅笔线到更持久的墨线这一动作是重要的，也是有趣的，在绘制线条的过程中施加色彩也是一样。先用铅笔题写，然后再用钢笔，这样的过程也发生在单一媒介的草图中，不过是以一种更加复杂和明显的方式出现的。草图是一个选择的过程，人们在这个过程中观察场景并将其题写到纸张的表面上（也称为支撑物——用以讨论其他的绘图表面）。草图并不能呈现一切，特别是当场景在变化、人和车辆在移动、旗帜在飘扬或云朵在飘动的时候。

他处处追求当代生活难以捉摸、转瞬即逝的美，追求品质的独特特征，经审稿人的同意，我们称之为"现代性"。他常常是怪异、暴力和过度的，他设法将生命之酒的辛辣之味或醉人的芬芳浓缩在他的画中。（Baudelaire，2006：41）

这把我们引向了绘画作为一种"研究"的概念。它指出一幅画是为另一幅作品作准备，它暗示了绘画的复数性质：我们可能并不总是把单件作品称为一个项目或实例，有时候是一整套对作品具有贡献的草图。[5] 这是一种对创造性实践几乎学术性的用语转变，把注意力集中在一个主题上。形式上的方方面面被详细检查并形成边界，给定轮廓和细节。草图可以被视为一种研究的形式，一种学术的追求。

阿恩海姆的视觉思维及其应用

心理学家和艺术理论家鲁道夫·阿恩海姆（Rudolf Arnheim）对表达作为一种认知形式的建立做出了很大贡献。通过认知，我们谈论的是思维。所以，简单地说，速写和其他形式的题写实践，从符号到图表和测绘图，都是一种思维形式，而且几乎是一种研究或调查的形式。他以详细的方式证实了这一主张，考察了感知在理解中的作用，同时强化了视觉和感知作为**智识**的观念。

这与1960年代写作之时的主流观点是背道而驰的。尽管阿恩海姆的工作得到了广泛的尊重和接受，但认知是一种内在的、与第一知觉分离的反思过程这种观点把思考描述成了一种由口头语言来完成的事情，这一点仍然存在争议，而且根深蒂固。有几个术语是阿恩海姆研究的基础。认知在这里指广泛的心理活动，涉及感官知觉、它在记忆中的沉淀以及我们回忆和调集它的能力（1969：13）。他指出，当时心理学家使用的定义把感官知觉排除在认知之外，他和詹姆斯·吉布森（James Gibson，1983，1986）等人试图通过将人们置于更广泛的生态系统中而不是将人视为抽象的实验室对象来推翻这种情况。

这种思维的感知基础不是排他性的，也不会有损于其他的思维形式，而是附加于它们之上。感知，特别是（但不完全是）视觉感知，形成了题写实践的基础。阿恩海姆讨论了**感知技能**的发展，它是一个需要时间和精力来培养的习得过程。技能的习得不是一个既定的条件，而是我们都能够做好的事情。这些感知技能与原始感知不同，后者基于我们的生物学能力，因人而异。简而言之，我们可以被训练得注意力更集中、更精确地观察和更敏锐地倾听（Arnheim，1969：31）。

在发展对视觉感知的回应时，阿恩海姆讨论了上下文语境在衡量我们的理解上的作用。他以一种有趣的方式做了这样一件事，这种方式强调了本书的一个重要主题：语境的重要性。语境可以被理解为一个变量，作为建筑师，我们在采取行动修改、调节、改变或以其他方式更改条件之前，被要求全面和整体地理解该变量。建筑的基本作用是在已经存在的范围内开展工作、改变语境，也要理解以某种方式去改变语境是可能的，并注意每一个变化可能导致的结果。

这种关于语境的方法就其本身而言是迷人的：我们在语境中密切地看待事物，将其作为流动的一部分、空间的连续体。事物都属于一个地方，出现在那个地方，但我们必须能通过从语境中提取对象的操作，将它们理解为离散的、单独的对象。

在空间中看到一个对象意味着在语境中看到它。前一章指出了每次视觉确定一个对象的大小、形状、位置、颜色、亮度和运动时所完成的任务的复杂性。看到对象意味着从环境和观察者强加给它的属性中分辨出它自己的属性。（Arnheim，1969：54）

阿恩海姆通过诸如比例、颜色、肌理等一系列特质来详细描述视觉感知——将视野分解为不同的组成部分。与现实中的体验相比，这是违反直觉的，但这种差异非常具有指导意义。观察草图和绘画的实践与识别人、导航或任何其他目的所需的视觉感知类型完全不同。为了通过草图重建世界，人们必须从这些个体化的范畴开始理解它。这些术语可能源于图形实践的固有逻辑。值得思考的是，我们对边界、肌理、轮廓、明暗甚至颜色的理解，其根源是否在于图形表达的技术。[6]

撇开这一点不谈，这种区别仍然可以被理解为是人为的，但在表达中，就操作而言是必要的。举个例子：一处有着连绵山丘和多云天空的景观。在描绘这样的场景时，我们被训练为将这些元素的边界绘制成离散的，但是这条线的本质是什么？用铅笔在纸上画出一朵云的轮廓实际上代表什么？显然，这种现象并没有图形化的、清晰的边缘。世界不是那样运作的，但是当呈现出这样一个图形化的描述时，我们将其解读为云的轮廓——云和非云之间的界线。这个轮廓暗示了一个比现实中存在的更强大、更清晰的界线——我们对现象的视觉思考需要定义一个轮廓。值得一提的是约翰·拉斯金（John Ruskin）在他的《绘画的要素》（*The Elements of Drawing*）一书中提出的对于草图练习相关问题的想法：

还有观察，在这个练习中，其目标更多的是获得手的稳定性，而不是眼睛对于轮廓的准确性，因为自然界中没有轮廓，普通的学生即使画了它也一定是画错了。（拉斯金，1969［1856］：33）

阿恩海姆的影响是非常重要的，因为他的工作强调了题写实践在我们的思维过程中的作用，开辟了一个研究领域，该领域把图的生产和制作过程而不是图本身看作一个分析单元，后者只是这个过程的结果，正如艺术史所追求的那样。

原宿的角色扮演一族

我在这里展示了我的一系列作品：东京周围看到的场景和人物的水彩画。这些画有一个共同的主题，让我们想起波德莱尔的《现代生活的画家》，在其中，一位现在已经过时并被认为是相当小众的艺术家因其作品的纪实性质而受到了赞扬。这种对城市生活的颂扬在当时是不寻常的。小说家和散文家乔治·佩雷克（Georges Perec）就人们应该如何以及为什么应该专注于日常事务提出了有用的建议（1997：50）。正如所观察到的那样，他对生活产生了兴趣，而仅仅通过在场就可以揭示出很多——通过在场和见证。

这里的第一个系列画作是东京原宿每周出街人物的速写。年轻人聚集在通往明治神宫的桥上，庆祝青年文化的最新时尚。在这种情况下，所谓的角色扮演一族（图 2.3）聚集在一起展示他们的服装并与朋友见面。一段时间以来，这个地方一直是令人着迷的源泉，电影导演克里斯·马克（Chris Marker）[7] 在 1980 年代记录了这个放纵和个性的区域，在那里，摇滚的摆手舞 [8] 特别受欢迎。在 2000 年代初期，流行的漫画、动漫和电子游戏的角色被角色扮演者们以手工制作的服装和成衣相结合的方式忠实地再现出来，直到出街的潮流在 2010 年左右逐渐消失。附近代代木公园的其他部分则继续着亚文化的展示，摇滚舞蹈以及流行偶像影响下的舞蹈团体与婴儿车和慢跑者共享着空间。

图 2.3　原宿角色扮演者的速写

水彩画超越了照片，试图以更深入的方式了解场景。通过描摹轮廓，考察图案和纹理，再造姿势，我以更加协调的方式对场景进行了思考。我还意图通过研究表达我对场景的理解。毕竟，我不能复制每一个细节，因此需要一个编辑和合理化的过程。这种编辑是认知过程的一部分，它决定了**我想展示什么**给我假想的观众。这些画作从密集的人群中选择人物或群体，通常会抹去相对不重要的背景。[9]

这些画作的第二个系列更加雄心勃勃，着眼于诸如权八餐厅（图 2.4）这样的场景，这是一个超大尺度的居酒屋，有开放式的厨房和大喊大叫的员工；或者是市中心的合羽桥批发区（图 2.5），那里有成堆的色彩鲜艳、图案对比鲜明的厨具。这里的意图是简单地解读和展示。不锈钢厨房的陈旧细节，配着破旧的塑料容器，专业员工在为柜台周围的顾客表演戏剧，或者是餐厅老板在浏览合羽桥的商品时脸上专注的神情——他们正在决定要给他们的店铺选哪些饭碗。

图 2.4 权八餐厅的水彩画

图 2.5 合羽桥餐具店的水彩画

见证一个事件是奥威尔所说的绘画背后的**历史冲动**的体现，而不仅仅是为了记录事件，毕竟我的摄影可以将这件事做得足够好，专业从业者要出版带照片的书不难办到。然而，绘画是一种老练的解读方式，也是延长那一时刻的方式。对于照片的仔细研究可能会产生一些进一步的解读，但复制视觉效果需要视觉知识和理解，这表明——正如吉布森[10]和阿恩海姆会支持的那样——感知不是被动接受，而是主动参与。这种参与通过绘画实践得到了加强和引导。

我为什么绘画这个问题必然是一种反思性的活动，希望它不会令人厌倦。我的意图是把题写实践的性质更加广泛地看作基本的创造性实践，表明它们不仅仅是一个简单的记录，也是一个可以借此寻求和展示解读的过程。我对这些场景和人物的知识是通过图画展示出来的，这个动机在奥威尔对作家技艺的分类中，可能被视为一种**政治意图**——也许被更广泛地理解为对我们周遭世界的理论性或批判性的质询。这个意图完全符合人类学学科对于存在、居住和生活之许多可能方式所开展的调查。

注 释

1. 这当然不是唯一的做法。建筑是一个著名的多元化职业，涉及一系列技能，包括模型制作、客户谈判、金融、建造、社区参与、合同法、景观和室内设计、历史和理论研究等。

2. 参阅 https://knowingfromtheinside.org 了解项目更多的详细信息和产出。

3. 参见塔弗里（Tafuri，1976）对建筑中乌托邦的问题化及对其作为一个**系统**的地位的讨论。

4. 有趣的是，奥威尔认为：

    "除非一个人不断努力地抹去自己的个性，否则写不出任何可读的东西，这也是事实。好的散文就像一扇玻璃窗。"（Orwell，2004：10）

    这种抹去的概念与绘画中亲笔签名的概念背道而驰，而艺术史上确实充斥着将这种关系阻断和复杂化的尝试，从索尔·勒·维特（Sol le Witt）的基于指令的壁画，到用非优势手绘制的画作。这与乔治·佩雷克（Georges Perec）就场景写作给出的建议有关，他建议作者注意平凡和日常：

    "时不时观察街道，或许带着一些对于系统的担忧。

    全力以赴。从容不迫。

    记下地点：巴克街和圣日耳曼大道交界处附近的咖啡馆露台

    时间：晚上 7 点

    日期：1973 年 5 月 15 日

    天气：晴

    记下你能看到的。任何正在发生的值得注意的事情。你知道怎么看到值得注意的东西吗？有什么让你印象深刻的吗？

    没有什么打动你的。你不知道怎么看。

    你必须更慢地、几乎是愚蠢地把它写出来。强迫自己写下不感兴趣、最明显、最常见、最无色的东西。"（Perec，1997：50）

    "强迫你自己更平淡地去看。"（Perec，1997：51）

5. 关于把绘画的多重性质以及把堆叠的描图纸看作一件单独的作品，更多信息参见 Lucas（2017b）。

6. 更多关于这点的内容，参见英戈尔德关于异常线条的论述（Ingold 2007：50–51）——《不适合的线条》（*lines that do not fit*）——轮廓是一种人为的感知形式；它是许多题写实践的必要组成部分。

7. MARKER C. Sans Soleil. France: Argos Films.1983.

8. 即 hand jive，是一种手部动作特别复杂的舞蹈。——译者注

9. 在这一点上，它是一个旁白，但我也对颜色感兴趣，水彩已有的样子与丙烯画中颜色的混合形成了鲜明对比。在这方面，我的丙烯画往往带有更多纯粹的审美热情，因为当素材照片与对颜色的强烈记忆混合在一起，我经常发现自己在复制这种被记忆和记录的颜色时陷入神游，找到合适的不透明度和饱和度变成了一项包罗万象的活动。这也许是另一篇文章的问题。

10. 参见 Gibson（1983：33）和 Merleau-Ponty（2002：7），了解更多关于感知的主动性质而不是一种被动接收的信息。

3 家，以及居住的意义

引言

本章讨论的是一种熟悉的空间——家。家庭空间往往是我们拥有最大能动性的地方，我们可以控制周围的环境，可以选择有用且有意义的物件，并且通常可以装饰或改造空间以满足我们个人的品位和需求。家的平凡是它最有趣和最重要的地方。因此，关于家，建筑学和人类学都有非常成熟的文献。

一些理论被用来描绘家的细微差别。这些理论通常也适用于其他建筑类型，但在居住建筑中尤为突出。首先是将家视为一系列复杂社会关系的产物，而不是将其视为物理结构。这推翻了家可能是社会交往之容器的观念，而是将其表达为持续的关系的产物。家庭空间的持续性本质，在于维护和修理的实践；家是一个永远未完成的项目，由我们在那里所做的事情构成。打扫清洁虽然乍一看似乎与**建筑**无关，但讨论维护工作所具有的理论含义提供了一种把建筑看作连续体而不是完成品的立场。

这种连续体的观点与更广泛的物质文化理论相一致，将家置于更广泛的相互交织的历程之中。家是我们表达和确立身份的一种方式。我们作出的关于我们希望如何生活的选择，可以通过文化规范或打破旧习的方式来体现，这种共建的叙事可以被贯彻到其他建筑学和人类学的互动领域和类型之中。物质文化研究是人类学理论的重要基石，与许多其他学科相交叉，包括考古学和博物馆研究。物质文化早就应该在建筑中得到重要的关注，它提出了关于建筑物的新视角，可以让其构件和结构的全生命周期得到重新评估。再者，它与本卷中呈现的许多建筑类型相关，但在家庭方面进行了最彻底的讨论。

清洁工作造就了比人们预期中更多的细微差别，关于污垢的讨论展现出了最基本的类别所具有的竞争性本质。我们可能会用常识或隐性知识来表述清洁工作，但是我们对污垢的态度和定义取决于社会的建构和共识。

家，作为一组社会关系

家，最常见的空间，让我们能够考虑性别、家居用品和日常生活等议题。这显然是建筑师关心的一个问题，无论他从事的是私人住宅还是公共社会住房的工作。

家同时也是一类极其日常的特殊空间，承载着身份认同的一个方面，与我们日常生活中最私密的细节息息相关。质询这种关于日常生活、关于平凡的想法是尤为重要的，因为人们总是很容易根据自己的经历对生活方式作出假设。这整本书的一个目标就是要打破这些假设，而家庭是适宜作为这一论点的核心的。现实中的家和住宅有着很大的差异，也许有多少家庭就有多少种营造家的方式。诸如家、住所和家庭等基本类别都是有争议的术语，直言不讳地说，可能会对我们的理解产生影响。对于家庭空间的讨论有很多方式，它拒绝简单的分类，这意味着讨论它时必须要考虑到大量的细微差别。家庭空间对建筑来说是重要的，因为它们通常是被要求去设计的对象。如何才能从人类学对住宅的解读中汲取教训，而又不让自己陷入完全的无所作为呢？

人类学中关于住宅的文献表明，这些最熟悉的空间可以承载一系列主题的变化：我们如何理解我们的生活、组织我们与世界的关系以及我们如何不断构建、维护和重建个体或集体人格的观念。

因此，去调查最普通的事物，以了解那些我们在日常工作中可能不会去质疑的复杂性，是十分重要的。用克劳德·列维-斯特劳斯的术语来说，每个家庭都代表着一组**社会关系**。为了根据这些观察采取行动，列维-斯特劳斯主张，我们必须确定是什么**社会结构**在支配着这种家庭生活状态。对于家和住宅的讨论向我们介绍了人类学辩论的几个阶段。让我们从结构主义开始，它与该学科最重要的人物之一——克劳德·列维-斯特劳斯的关系最为密切。然后，我们将论点扩展到结构主义的使命之外，去发现潜在的共性，并接受后结构主义所发现的多样性和丰富性。这为人类学开辟了多样的方法和分支学科，使我们得以探索性别空间、感官知觉和部分空间政治。结构主义当然提供了一些有用的见解，但同样重要的是要进入人类学的当代关注中去，而不是让建筑理论重复那些在别处已经解决的争论。

虽然列维-斯特劳斯考虑了许多其他现象，但他对"社会结构"的描述在接下来对家的讨论中是最有启发性的。对家的一种解释是：它作为一种社会结构的地位可能比它的物质、物理形式更为重要。

> 现在转到定义"社会结构"的任务上，有一点是需要立即澄清的。"社会结构"一词与经验事实无关，而是与在其之后建立的模型有关。（Lévi-Strauss，1963：279）

这是为了论证，社会结构的概念已经是一个抽象的概念，是一种去除了社会生活直接经验的二阶现象，在任何企图理解或定义社会结构的尝试中，分析都是必不可少的。列维-斯特劳斯鼓励人类学家从对社会情境的沉浸转向另一种了解其潜在结构如何运作的模式。因此，描述本身可以被理解为一种理论化，它通常是一种会随着列维-斯特劳斯的结构分析概念而加深的表层理解。

列维-斯特劳斯继续他的定义，指出社会关系是社会结构的"原材料"（1963：279）。对**社会关系**和**社会结构**之间这种因果对应关系的表达，把"关系"确立成了社会性的直接经验，并将"结构"确立为随后的分析。这个模型还需要进一步探索，而且列维-斯特劳斯发现，这起源于科学话语。它的结构必须是系统的、基于规则的、可预测的，并且有助于解释观察到的世界（1963：280）。在寻找系统性的东西时，结构分析选择处理可量化和可知的事实，而不是趋势或冲动。其中一个例子可能就是人类学对艺术的传统解读，它关注的是创造性实践的外在迹象：创造出的物品，它们在仪式和经济交换中所扮演的角色，赞助和委托的模式以及许多有趣和有用的方面。然而，在这一切中，创造冲动本身是被遗忘的。这种单纯地想要**造东西**的欲望从何而来？创造力可以说是世界上许多（如果不是全部）文化所共有的冲动和欲望。然而，该行为的这一方面被结构主义从人类学描述中抹去了。

我们可以看到这种方法既有用，也有危险，因为我们生活的许多方面不能那么容易地量化和系统化，但它们仍然是我们生活中非常重要的一部分。列维-斯特劳斯在他的叙述中确实承认了这一点，但相对来说，对这种损失并不感到困扰（1963：285）。我们将在下文看到，家可以被理解为一组社会关系，从而导向一种对社会结构之构成的理解。

这与诸如实践理论、物质文化理论等更当代的理论相交。萨拉·品克（Sarah Pink，2004）[1]、丹尼尔·米勒（Daniel Miller，2001）[2]、维克特·布克利（Victor Buchli，2000）[3]和英格·丹尼尔斯（Inge Daniels，2010）[4]都发展了皮埃尔·布尔迪厄（Pierre Bourdieu）所确立的立场，该立场将人类的能动性和实践描述为我们与世界交互的核心，而其中的大部分是在人们和他们的家之间所产生的。家是一种特殊的空间类型——深深地嵌入社会和文化之中——并在很大程度上展示了个人或家庭（无论如何描述）与更广阔的世界相联系的姿态。

家是房屋的物理结构及其内容的物质文化，也是从清洁和维护，到烹饪、沐浴、娱乐以及与家人、朋友或同事进行社交活动的一系列实践。

家庭生活和维护实践

人类学家莎拉·品克（Sarah Pink）在她的家庭民族志中，集中关注了人们如何参与家庭维护实践，尤其是如何将其解读为性别活动。这显然是建筑学感兴趣的一个议题，无论探讨的是私人住宅还是公共的社会性住房，独立结构还是排屋，别墅还是公寓。与本书中的其他章节一样，该材料旨在供家居设计师和建筑研究人员讨论。

品克在英格兰和西班牙的一系列住宅中开展田野调查。这些地方具有比较研究的潜力，但品克拒绝尝试在每个国家中描述一个典型的或者标准的家庭，她指出，追求这个是不可能的（2004：16）。品克的一个重要出发点是她的受访者们用来描述家的语言。品克确认，在这些描述中存在着大量感官性的描述，她阐释了这些材料，以表明传统的设计话语中存在着视觉偏见。这对于多感官讨论是不利的，气味、声音、肌理和温度在其中要么被简化了，要么根本就没得到考虑。受访者会使用丰富的感官隐喻以及他们在那里从事的活动或实践来描述他们的家。即使最简单的任务也很丰富，例如清洁、修理公共楼梯，或者洗涤和烘干衣服。这些活动涉及住户的身体，调动他们的感官，并经常会激发社会互动。因此，重要的是别把家理解为空间中的一个地方或固定的点——相反，它是由一系列不断展开、交结和纠缠的**社会关系**所构成的。

哪怕我们的居住条件的微小变化都可以使我们对家的理解发生根本性的转变。品克提到，西班牙那种与公寓楼**社区**合作的实践不仅涉及经济贡献，也涉及清洁和维护公共区域和设施的责任（2004：17）。这并不被视为完整的社交互动，因为这些活动通常由个人单独进行，但得到承认的是，这是大家共同的努力，并且为更直接的社交互动的发生提供了机会，无论是在平稳运行的公寓楼中还是在邻里关系十分紧张或者某种程度上功能失调的地方。在住房中提供户外空间是西班牙环境的一个特征，包括公共游泳池等与气候相适应的元素。共同的责任有助于形成社区精神，甚至可以在居民之间形成亲密的友谊，而在另一种文化中，他们可能都不怎么相互接触。我们的生活条件的微小变化，可能会产生不成比例的巨大的社会影响。

最重要的是，品克指出了家是**自我生产**的一个重要场所。在这方面，有很多东西需要理解。首先，自我是一种建构，一种过程和一种活动，而不是某种预先确定的、固定的和最终的东西。其次，我们的物质财产、这些财产的安排以及我们营造家的实践，不仅仅是对我们是谁的辅助表现或反映，更加强或帮助我们定义了自我的这些方面。

许多知识是通过包含了感官与环境之接触的具身经验而被生产和使用的。这些知识被性别化的身体所体验，并且因为它与不同的身份类型相关联而被性别化。为了理解生活中造就了当代性别模式的多种女性气质和男性气质，我建议去解释感官体验、知识、隐喻、意义和行动是如何在其中联系起来的，这将是有益的。（Pink，2004：147）

对于品克来说，这种自我生产是一个性别化的过程。性别在很多方面都可以被理解为是与性不同的，但其中最主要的是表达了一个人性别的生物学方面与决定我们在社会中之角色的社会文化因素之间的差异。这使人类经验在极大程度上被多元化，从一个家庭到另一个家庭，大家对性别的理解各不相同，更不用说在一种文化和另一种文化之间了。

品克讨论了**多重**女性气质和**多重**男性气质的可能性，即被视为男性化或女性化的不同方式。这些重叠的类别被绑定在一个自我定义和社会约束的结（knot）中。鉴于这些差异，绘制出由家庭的各种活动和空间所表达的社会关系成为可能（Pink，2004：147）。这些多样性使得同一物理空间中可以有不同的体验，因为这些体验是由每个人在那里的实践塑造的。如果人们坚持特定社会中男性和女性的传统角色，那么他们会根据他们被期望做什么、他们要如何行动以及他们不被允许做什么来体验不同的空间。这就超出了性别范畴，扩展到了其他领域，例如社会阶层。

围绕实践来构建我们关于家的理念以及我们在那里做的事情，意味着我们开始能够理解，不同的人根据他们所参与的活动会对空间有完全不同的体验。即使在一个家庭里，这个单元中的成员由于其经历的不同，也有着各自关于家的想法，有着他们自己对空间的理解，有着他们自己的一套生活方式的实践。以名义上的核心家庭为例，孩子们的做法会和他们的父母不同：他们与自我的联系是以和成年人不同的方式建构起来的，他们对空间的责任是以完全不同的方式表达出来的。家庭因社会关系而变得复杂，从而成了一个更加微妙的概念，它有可能成为彻底重新思考身份和自我的场所。

这绝不是要让建筑师在所有可能的变革中无所作为，因为每一种对于家的解读都可以在没有相应物理调整的情况下共存。家不仅仅是一个物理结构，但这些物质的方面会影响我们在那里居住的方式。品克的叙述十分日常，其对于简单问题的简单回答揭示了我们邻里的生活方式可能有多么不同。于是，它加强了我们的一种意识，即我们可能会在不经询问人们实际生活方式的情况下作出假设或接受刻板印象。

将自我的构建概念化为一个持续的过程，这反映了品克所探索的其他想法之一：家庭是不完整的，它在通过不断的家庭改善和维护策略发生变化，无论是装饰性的或彻底的空间改造，还是简单地储藏或重新排列物品和积累的所有物。这构成了我们通过居住在一个地方，为我们所拥有的东西寻找令人愉悦的或功能性的安置方式而体现出的日常创造力（2004：56）。

我们对这个不完整的家进行改造的方式是参照社会约束和个人创造力的框架形成的。即使在给定的约束或倾向被拒绝的情况下，也可以参考标准的设计来作出决定。这就是关于家庭工作和生活的普遍观点有用和有趣的地方，因为人们会以电视节目或杂志所展现的模式作为参考点来呈现他们的个人观点和反应。

适应，是人们把一处场所变为己有、在上面留下自己的印记的关键方式。尽管如此，大量的设计仍然拒绝以任何实质性的方式进行适应：设计很少能适应变化，而是不顾原始情况、违背建筑师的明确意愿，或者以一种对原状冷酷无情的方式进行改造。珍视某些建筑，认为它们值得保护，是这一理念进一步的表达："原始"设计的能动性压倒了当代居民的需求，历史保护试图将建筑冻结在某个特定时刻。这当然是一个复杂的论点，关于建筑再利用和（功能）转换的大量文献证实了一种富有成效的建筑表达和干预的形式。然而，值得注意的是，这个领域的实践在建筑学的讨论中一直被低估为一种艺术形式，有着关于个人天赋的既定标准，每个天才都产生独特的设计。

品克关于房主对其房屋的适应和改造的描述有助于重写这种叙事，他描述了"乡间别墅"之愿景中室内设计的线索以及这些线索如何影响有关房屋的决定（Pink，2004：55）。家是由这些郊区的受访者根据乡村生活的标准理念所定义的，这种理念通过松散定义的"乡村化"一词来表达。房屋与相应的美学相关联，这是购买一处房产而不是另一处房产的关键驱动因素。这种风格偏好通过随后的改变得到了进一步加强。将其恢复到理想的或是原汁原味的状态，在一定程度上是由住户表达的，是房屋能动性的一种体现。这种能动性理念，尽管只是对物质对象的无生命组合，却赋予了房屋直接或间接影响人类居住行为的能量。

品克根据对那个地方的感官体验来表达她的每一项分析。经验的多样性成为一个主题，这个主题将这种家庭人类学与早期对家庭空间的解读对立起来，为家庭领域的政治化奠定了重要的基础，但却未能完全掌握此类空间的实践性质。早期对于家庭的性别解读将不同住户的做法看作固定不变的，而品克探索了这些活动变化波动的多种方式。家是由那里发生的实践或活动来定义的。性别在这方面仍然是一个重要的类别，特别是当"家庭主妇"的身份在许多不同的文化背景下受到质询时。

> 既有的对于家庭主妇的分析，是基于一系列二元对立地建构起来的理论进行定位的。尽管此类分析有助于理解家庭性别的某些文化表征，但它们无法解释日常感官、具身体验和多样性，也无法适应变化。（Pink，2004：81）

推动品克对早期家庭人类学之批判的那些基于实践的理论，暗示了这种改变的可能性。这些仍然是有影响力的基础文本，但性别角色得到了实践，于是便可能发生变化，比如当一个人从一个国家搬到另一个国家，从一个家庭搬到另一个家庭时，甚至家庭构成发展和变化的时候。这个想法是在品克后来的研究中发展起来的，在其中，家是"持续建造的"（Pink et al.，2017：31），她鼓励我们不要把家看作一个固定的结构或空间，而是一系列相互关联的实践，这些实践通过居住在那里的活动不断地**生产**家。

品克从现有的关于家庭的文献开始，分析其中提出的理论，并开始在她自己的工作范式中进行解读。之后，这发展为她对于研究中的调查对象、受访者与合作者的自我认同的解读。正如列维－斯特劳斯（Lévi-Strauss，1963）指出的那样，这对于在对社会结构进行抽象和理论化之前理解人们对自己的看法来说是至关重要的。

自我认同是一个有趣的概念，因为它既反映了人们实际上看待自己的方式，又反映了他们想要投射的形象。外部影响是最重要的，例如社会和经济约束、更大的文化环境以及家庭本身及其影响个人的能力。例如一栋需要进行大量维护工作的房子实际上可以在很大程度上决定其居住者的生活。20 世纪见证了这方面的进步，现代主义者关注厨房，将其作为提高效率的场所，战后引入的洗衣机和真空吸尘器等家用技术，既是阶级的象征，又是减少维护家庭所需的体力劳动的方式[5]。

自我认同还揭示了基于访谈的研究在方法论上的一些问题，因为它依赖于个人充分表达自己处境的能力。必要的自我意识和传达此类观察的技能需要受访者具备一定的诚意，也需要研究者在访谈时或者建筑师在会见客户时不要有（主观的）判断行为。清洁实践对于衡量人们如何理解自己的家来说，是一个有用的指标。品克借此深入地了解了她的报道人[6]如何将他们的日常生活概念化，从整体的感官体验，到确保房屋本身及其中的物品和所有衣服都以一种可验证的方式来清洁的准则。跨国公司为这种清洁概念的构建提供了助力，以至于肥皂广告对家庭的影响力简直令人担忧。例如某种相关的气味代表了清洁，这往往是市场研究的结果，而不是一样东西有多干净的事实，也不是清洁实践的文化。

肮脏的家是一个道德失范的地方这样一种潜在的暗示正在失去其立足点，但仍然被用作参考点。随着家庭分工作为一种社会渐变的过程逐渐从传统模式转向性别平等的模式，并且成为两个调查领域共有的规范，其他的道德准则出现了。

干净的观念及其不洁的另一面与人类学理论中的一个关键文本产生了共鸣：玛丽·道格拉斯的《洁净与危险》，书中质询了这一观念的文化建构。她在2002年版的序言中写道：

> 没有绝对的污垢：它只存在于观者的眼中。如果我们回避污垢，那并不是因为怯懦、恐惧，更不是因为害怕恶灵。我们对疾病的看法也不能解释我们在清洁或回避污垢时的那些行为。污垢冒犯秩序。清除污垢不是消极的活动，而是一种整理环境的积极努力。（Mary Douglas，2002：2）

这与将污垢定义为"格格不入的事物"（Mary Douglas，2002：44）有关，并将其重新定义为介于有序与无序之间的话语，而不是对疾病、判决或失败的真正恐惧。清洁实践为一个地方带来秩序，最重要的是，消除了我们家中的混乱。这种有序和无序是一个强有力的主题，道格拉斯将它以多种方式扩展到了对阈限区域之危险的讨论：门槛。门槛，就像门，是一个很好理解的建筑形象，在设计过程中会耗费大量精力。道格拉斯指出，它代表了内部和外部有序世界之间的通道，不受我们的直接控制，可以理解为混乱。这些状态之间的过渡点充满了潜在的危险（图3.1）。

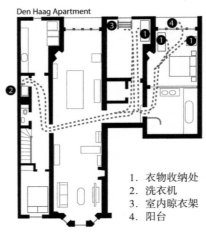

1. 衣物收纳处
2. 洗衣机
3. 室内晾衣架
4. 阳台

作为一个分析单元，家为研究者提供了许多潜在的对象。在品克探索性别化和感官性的家时，其他人则专注于空间的物质文化和国家的权力关系。在这种权力关系中，国家作为一种增强的、强制性的家庭代理，将其意志强加于公民日常生活，甚至仅仅用家的一个方面，例如储藏，作为讨论积累和组织财产之过程的一种方式。

图3.1 在作者曼彻斯特和海牙的家中清洗衣服的移动路线

物质文化和家

物质文化研究是当代人类学的一个主要研究领域，与考古学等其他学科相交叉。丹尼尔·米勒在他最近的入门书《东西》（*Stuff*）（Miller，2010）中对该领域进行了全面的概述。在书中，米勒将物质文化的概念确立为我们理解当代社会的基础，我们的生活方式深深地陷入各种"东西"的素材中。他用了"东西"这种可能有些轻率的措辞，来把讨论从具有强烈象征意义的物品的具体类别、艺术品或宗教工艺品的状态转移到了我们往往会视若无睹的所有日常事务上。这重申了人类学对我们认为理所当然的日常生活方方面面的普遍关注，揭示出了本该平平无奇的生活细节中的一些重要方面。

米勒以关于服装的讨论开始了他关于物质文化的著作，展示了这些根据我们的特点所形成的商品如何定义我们生活的各个方面。米勒指出，家庭作为物质文化的另一方面，与服装之间有一个有趣的比较，它们在规模和成本方面各有特点，但最终通过材料以一种类似的方式发展了我们的自我意识（2010：80）。

在讨论家的时候，米勒描述了伦敦人在住房方面存在一系列共同问题的可能性，尽管城市里的社会和文化群体多种多样，但他们的生活环境受到一系列外部力量的影响，包括经济和政治形势以及城市的物理形态和密度。米勒的观点是：这些外部力量与人和环境彼此构成的理论背道而驰——米勒描述的是晚期资本主义的社会经济力量所塑造的住房以及那些反过来被建筑塑造了生活的个人。城市的环境被广泛地认为是由我们必须接受的所有给定因素组成的，它们都会影响到我们如何在此生活。例如封闭区域的生活经常使降噪或者公共场所的维护成为问题：楼梯间、门口和花园。在能动性方面，米勒将环境的大部分控制权从个人手中拿走，他更愿意看到更大的全球性力量发挥作用，而人们在很大程度上只能任其摆布。

虽然我认为这被夸大了，但是米勒对于服装和家庭之间的区分在讨论相对投资上是很有用的。我们可以相对轻松地穿着奇装异服，但却不能逃避伦敦的抵押贷款或租赁市场，这是由所需投资的相对水平决定的：与房地产相比，服装是负担得起的。但是房主哪怕仅仅是想要改造他们的房屋以满足他们的需求，地方当局也可以拒绝授予进行重大结构变化的许可，即使是不太大的关于装饰的决定也会对再次销售的潜力造成影响。相对投资不是一个绝对的衡量标准，但却是一个重要的衡量标准，它包括以下机制：

> 房产吸引了更多的利益相关方：国家、土地所有者、地方议会、建筑协会等。与这些力量对立的我们——这些仅仅是住在房子里的人，不论有任何想要与他们建立某种关系的需求，都会发现我们在所有权力排序中远远落于下风。（Miller，2010：81）

在与家打交道时，我们便即刻将自己置入了与更多样的经济政治力量的关系之中，而这些力量是极难摆脱的。事实上，正如上面提到的文化规范一样，试图拒绝这些力量本身就是对它们的一种反应。因此，在伦敦和整个英国都有一种关于住房、居住和所有权的规范模式。这些力量意味着家对居民有着很强的**能动性**。用家的概念来囊括所有这些力量乍一看似乎有点牵强，甚至可能是一种偏执的理论表达，但这与对列维－斯特劳斯的**社会结构**[7]的探索是一致的，是对于**社会关系**更广泛的观察的结果。

对于米勒而言，能动性理论是一种对抗由家所呈现的权力关系的还原论路径的方法。我们不会在日常工作中明确提及这些权力结构，无论它们可能会支配生活的多少要素。它们形成了我们以各种不同方式构成生活的背景，并在居住过程中的特定时间点——例如在购买过程中凸显出来。为了提高我们对家庭研究的准确度，我们必须将不同的理论作为我们理解世界的视角或滤镜。而能动性就是这样一种视角。

还原论是危险的，因为它代表了一种本质主义的冲动，它在我们的生活中抵制着生活的复杂性。生活世界中的这种凌乱的复杂性是人类学的分析单位：社会理论是与世界紧密关联的，把它们从其形成的语境中完全抽取出来是不可能的。如果我们只是想了解家庭生活中的一个元素，就会忽略很多东西，忽略我们创造性地管理和调解这些巨大的外部力量的诸多方式。无论我们的环境如何，都能够通过我们做出的选择在居住的地方留下自己的印记。

米勒将其关于能动性的理念悬置于适应的概念上。适应在这里既指房屋提供的空间容量，也指该空间对居住的合用性。将**适应**确立为一个术语是很重要的，它不仅包括居住的地方，还包括适应空间以满足我们的需求的过程，包括为生活所作出的社会协定和妥协，该术语与它的一些更市场导向的含义是脱离的。虽然人类学家可能把家看作一个分析的场所，但住户很少会有意制造一个形象来代表他们的生活以供外人消费。[8]

家庭研究的目的有两个：研究作为我们人类的基本活动的居住方式；考察这些日常惯例与更宏大叙事的交集。米勒指出，"小细节和宏大的意识形态通常是相互关联的"（2010：99）。生活是随着时间的推移而经历的。这可能看起来是个不言而喻的观察结果，但许多试图解读我们的生活和将其理论化的尝试都提炼出了这一地点和时间体验的根本基础。简单来说，生活是一个在一段时间内展开的过程。它也发生在某个地点。我们与对象的关系会随着时间而改变。我们在家中干的每一件事情，从清洁到做饭、搬家或安顿，甚至不能或拒绝维护一个地方——每一样都说明了我们作为个体、社会团体成员在更广泛的文化之中的生活方式。

这一看待物质文化的方式表明，我们与外部影响的权力关系和家本身的能动性对于理解我们今天的生活方式都是很重要的。那么，我的看法是：作为建筑师，我们需要了解我们的客户，以便能够更好地满足他们的需求。这种"知道"需要拥有和人类学家一样的平心静气、非评判性的眼光，并且可以通过各种形式的咨询、访谈和观察来获得，为设计的决策提供信息，或者通过对各种居住环境体贴的回应来获得，这在一个空间中大概既是可取的，也是可能的。[9]建筑也有提出新事物的意图，即一种对于人们之回应的挑衅。这也可以通过对生活世界更深入的解读来获知。

最后，米勒是一位人类学家，他认为建筑师的行为仅仅是家和居住者之间另一个层次的代理或权力关系。通过去接近更嵌入社会人类学的建筑，就有可能使建筑更加适应客户的需求。通过了解人们与广泛的社会经济力量之间的日常交集，我们就可以有更大的灵活性，去适应多元的多文化生活的特殊性，提供进行改变和满足特定需求的可能性：把一部分能动性交还给住户。

那么，我们的任务就是进行物质文化研究，并进一步分析其结果——让揭示的社会关系、首选的生活过程、提供的可行和有用的替代方案得以实施，并将这种理解牢牢地嵌入到设计过程中。

家作为材料的流动

英格·丹尼尔斯（Inge Daniels）是另一位对家、家庭生活和我们的生活方式有着强烈兴趣的人类学家。她在其日本家庭民族志中的关注点是家的物质文化。丹尼尔斯与大阪周围的家庭合作，考察了不同规模和类型的家庭的储存和陈列策略。这项考察旨在解读，通过我们对物质对象的态度、这些对象的流动以及它们所代表的内容，我们可以了解到关于我们生活的东西有哪些。

丹尼尔斯发现，当代日本家庭中存在着严重的储存问题。这一讨论成了研究的焦点，在一个明确界定的案例研究中反映了许多关于日本家庭文化的事情。关注这个元素看起来似乎有些奇怪，而且丹尼尔斯还考虑了家庭结构、家庭神龛的维护以及为已故亲属献祭的壁龛。然而，这里最有意思的是财产在家里流动、展示和储存的策略。一种有用的方式，是将其看作一个对家庭中的各种社会实践进行理论化的模型。储存是一个案例研究，通过它可以探索更广泛的问题——它使研究具有了更广泛的兴趣和更具体的日本语境。

在考察日本的家庭观念时，丹尼尔斯提出了几个需要解决的方法论问题，特别是家并不被普遍地认为是访问或接待客人的空间的问题。这与一些以欧洲为中心的假设截然不同，在这种假设中，在家里款待客人是一种悠久的文化，尤其是对于中产阶级而言。[10] 丹尼尔斯观察到日本人通常更喜欢在公共场所社交，于是她讨论了她是用怎样的方法来获准进入这个极为私密的空间。她在一个特定的区域内进行游说、放置广告和海报，让受访者们自行选择。最终，丹尼尔斯放弃了这个想法，转而去利用她早年在日本进行研究时建立的社会关系，利用既有联系人的帮助来扩大研究范围，这通常被称为"滚雪球抽样"方法。这就引出了一个重要的问题，即如何安全地获得许可，进入人们的生活。这是一个方法论上的问题，而研究样本具有自我选择的性质，如果只坚持使用这种方法，接触不同的社会阶层和群体就会变得非常困难。

研究领域的清晰性也是一个相关的问题，因为有很多问题在很大程度上由于接触相关人员、地点和信息的可操作性，都没有得到探索。丹尼尔斯将她的方法概括为纵向的，但与传统的参与者观察研究不同：

> 一些研究家庭的人类学家通过将"传统"的**现场**（in situ）实地考察技术应用于现代城市条件，成功地超越了采访的局限性。通过对同一批家庭进行多次跟踪访问，或在所研究的特定社区中长期居住，即使不在参与者的家中，研究者也可以与所研究的人建立信任关系，并对门背后习以为常的方方面面的生活获得更加深刻的洞察。（Daniels，2010：20）

品克等人在他们的整个研究（2017）中也详细地记录了他们的方法论，重点关注家之营造的持续性特质：它不是一个静态的组合，而是一个不断产生场所的动态过程。丹尼尔斯强调，信任是其方法论伦理研究中的一个主要因素。毕竟这项研究的主题是私密和个人化的：被调查的家庭中的人们，大体来说，对于共享这个空间都是感到不舒服的。在这种情况下，丹尼尔斯与几个家庭各住了大约一个月，又补充了对一个更大群体的长时段采访。这段时间很重要，千万不能急于求成，因为需要利用这段时间去建立和维护信任。

随着 20 世纪日本住房市场的发展，LDK 概念最终得到了推广，即围绕着中央的"生活——

餐饮—厨房"区域去布置家。厨房与用餐区相结合，起居室与之相邻或结合在一起，为家庭体验创造了一个中心枢纽。正如我们之前讨论过的，这与经济体制、主流媒体有关，尤其在这个例子中，还与明治时代以来政府的明确愿望有关。其他外部影响将人们的品位从传统的日本家庭形式转变成了与欧洲或美国截然不同的现代形式。

这条轨迹将我们从"榻榻米"（图 3.2）家庭的模式中带了出来，从围绕接待客人而设计的模式转向了以家庭为导向的、内向的家居环境。以前的布局是为地位较高的家庭而设计的，包括建筑前部朝向装饰性花园的榻榻米房间以及后部远离花园的更暗、更私密的房间。没有单独交通空间的房间布置就像是早期的欧洲模式，这意味着人们从一个空间去往另一个空间时，必须穿过我们现在认为的私密性空间。

丹尼尔斯将这段历史上的重要变化表述为从榻榻米式生活到椅子式生活的有意转型。这一直都和当时政府海报中宣扬的一种新型的家庭价值伦理相关联，是西方观察到的（日本）向现代主义有意转型的一部分。然而，从 19 世纪晚期的首次推广到 1920 年代政府的直接干预之间有一个很长的酝酿期，因为只有非常富有的人们才能买得起这些新的现代主义住宅。[11]

有趣的是，建筑师的跨文化交流将日本建筑的影响带到了西方，弗兰克·劳埃德·赖特（Frank Lloyd Wright）和布鲁诺·陶特（Bruno Taut）等形形色色的人物访问了日本，他们既在那里激起了一场现代主义革命，也在回国后意外地受到了他们遇到的传统建筑形式的影响。这种互文性在许多其他的接触中都可以观察到，包括文学和电影。在电影方面，黑泽明的作品就很有启发性，他的作品最初受到约翰·福特（John Ford）的西部片的影响，后来的《豪勇七蛟龙》（*The Magnificent Seven*）和《荒野大镖客》（*A Fistful of Dollars*）等作品分别受到了《七武士》（*Seven Samurai*）和《用心棒》（*Yojimbo*）的启发。类似的反思和再反思也发生在建筑领域。[12] LDK 概念在战后时期站稳了脚跟，当时日本经济出现了大规模增长，尤其是从 1960 年代中期开始。然而，预期的西化只是部分地被日本人民采纳和调整，以维持传统生活的诸多优

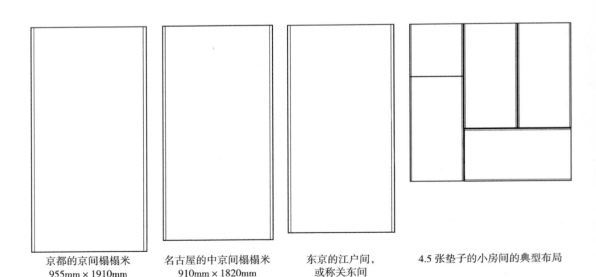

京都的京间榻榻米　　名古屋的中京间榻榻米　　东京的江户间，　　4.5 张垫子的小房间的典型布局
955mm × 1910mm　　910mm × 1820mm　　或称关东间
　　　　　　　　　　　　　　　　　　　880mm × 1760mm

图 3.2　榻榻米尺寸和房间布局

点。有了 LDK，待客室被去掉，客厅被用于容纳这一功能。家庭成员共享一间卧室和睡在蒲团上的传统在很大程度上得到了保留，这是与西方现代生活模式最为迥异的做法之一。

丹尼尔斯（Daniels，2010：37）阐述了睡房安排方式所存在的一些差异，现在这已经成了偏好西式布局还是日式房间的问题。在许多方面，这是一种比英国更开放的方法，例如英国盛行单一的睡房布置的标准理念。家里的其他元素，例如沐浴，也有着相似的历史和多元的当代形式。在这个例子中，改变来自于当地的社区澡堂，它们是为整个社区服务的。无论是日式还是西式，家庭沐浴的引入导致日本各地关闭了很多这样的社区设施。这意味着社区的丧失，因为人们会在澡堂里见面和社交，这是这个空间私有化之后不可能实现的。

丹尼尔斯的研究中最相关的部分是关于储存的章节，其副标题很有趣：**关于整洁的意识形态**（2010：131）。这一章考察了物品在家庭中的流动，其重点是收拾东西的地方以及对更多存储空间无止境的需求。这被上升为一种意识形态：一种围绕着整洁和干净的近乎宗教的热情，让每一件东西都在家里有合适的位置。而居住者们所面临的挑战之一则是日本的送礼和纪念品收集文化。从广义上讲，送礼本身就是人类学中的一个重要理论。[13] 赠送和接受礼物在日本具有很强的社会功能，与社会地位和义务密切相关。

就像这样，物品的流动进入了家庭；这些物品被计划分配到家中的一些房间，小心地保管和存放。这解释了人们在某些情况下对可食用或非永久性礼物的偏好，因为它们不会给接收者强加上保管的义务。一项流行文化调查显示，家庭改造的电视节目和室内设计杂志对这一点非常着迷——储存以及由良好的储存解决方案或策略而产生的与家庭效率的关联（2010：133）。

丹尼尔斯（Daniels，2010：133）论述的一个创新性例子描绘了**仓屋**（kura-house），这是大型房屋建造商三泽住宅株式会社的一种新建筑设计，参考了 16 世纪砖石结构的宝库建筑。原来的仓屋是一个独立的结构，旨在防火和防盗，三泽住宅株式会社对这种形式的重新诠释类似于常规的现代房屋，但是在顶棚和地板的空隙中内置了额外的储存空间，显著地增加了储物空间，以便收纳季节性的家居用品和衣服。**仓屋**展现了历史参照对于市场的重要性以及向购买者推销现代住宅的方式。在方法论上，丹尼尔斯使用这个具体的、独立的例子把读者的注意力引向了一个可能还隐藏着的更大的问题。丹尼尔斯确立了储存对研究者来说十分重要且显而易见这一点，并找到了一个清晰的案例，从而为作为作者的自己提供了空间，来充分地探索礼物和家庭的关系。这是一种对社会约束做出的有形的、物质的反应：一个围绕着从顶棚到地板的所有空隙而布置的结构，用于存放不能简单处理掉的季节性或不需要的物品。这个问题的其他解决方案还包括不断搬家，提高住房的等级。日本住房市场鼓励另一种不同的方法，即家庭在同一块基地上建造更大的房屋——显著地缩短建筑物的使用寿命，但保持对于场地的依恋。于是，施工速度就成了一个关键因素。家庭还可以从服务于这一需求的企业那里租用储存空间，日本的高城市密度也加剧了这一问题，围绕这个问题已然形成了一个企业生态系统。

当然，这种隐藏的另一面是陈列。哪些物品被选来放在外面用于陈列或日常使用，这揭示了一系列不同的选择，并且与乔伊·亨德利的日本人类学中关于包装的讨论有一些联系。亨德利把**包袱皮**（furoshiki）作为日本文化各个方面的一种隐喻（Joy Hendry，1993，2000：11，12；210）。这又扩展到了其他文化在主题公园中整齐打包和呈现的方式（更多内容请参见第 4 章），并由让·皮埃尔·瓦尼耶（Jean-Pierre Warnier，2006）在他关于容器的物质文化中进行了进一步讨论：内部和外部。两位作者都详细讨论了包装和收纳的实践可能开始对更广泛的活动造成影响的过程。对于特定工具的习惯，最终会使该工具——无论其被描绘得多么广泛——进入我们自己身体的领域，作为手的延伸，开始形成我们与世界的交互：**包袱皮**成为一种沉淀下来的实践，扩展到了生活的其他方面。

丹尼尔斯的研究推翻了日本作为一次性消费社会的传统叙事，因为她展示了受访者们为了留住礼物和其他东西，让它们在家里占据一席之地并保持有序的存在而导致的巨大困难。这得到了其他证据的支持，例如住宅建筑、外部仓储、电视和杂志等行业的信息。这就是为什么我们必须了解人们的生活方式，而不是简单地根据我们自己的经验偏见作出假设。答案总是比我们可能作出的简单假设更加复杂和更加有趣，并且对设计过程更有价值，无论其最终被表达为相似性还是相异性。

传统与现代的结合在丹尼尔斯描述的日本家庭中并存，她没有像光鲜的杂志那样试图将日本家庭描述为"异国情调"或"极简主义"，对其进行美学上的或其他方面的判断。的确，人们可以看到英国、美国或其他欧洲国家的家庭同样富有，在许多方面又有所不同，但关键的是要保持方法论的庸俗化，而不是进行价值判断。在和客户讨论推进的最佳方式时，这些可以稍后再说，而人类学在根本上是一个描述性的学科，建筑作为终端产品，环境的变化、空间的变化，都在改变或创造一个新的地方。

对家的研究可以看作对一种文化缩影的研究，一种通过跨文化比较以发现相同和差异之处的方式，从而使居住这项人类的基本活动的理论得以发展。这种居住理论的概念本身对于建筑师助力于它和利用它来说都至关重要。

居住的视角和居住的机器 [14]

家和居住意味着舒适、熟悉和容纳的特质。这些词语温暖、热情，暗示了一种与勒·柯布西耶所持的著名立场"房子是居住的机器"格格不入的方式（Le Corbusier，1989［1923］：107）。这句话经常被单独引用（如此处），是柯布西耶颇具影响力的宣言《走向新建筑》的一部分。在这里，勒·柯布西耶为他的现代主义品牌奠定了基础，后者表现为对远洋轮船、汽车和飞机等原型的一系列渴望。更完整的引文更详细地讨论了飞机：

> *"飞机是精挑细选的产物。*
> *飞机带来的教训在于掌握说明问题并将其实现的逻辑。*
> *房子的问题还没有说明。然而，住宅确实存在标准。*
> *机械本身就包含用于选择的经济因素。*
> *房子是居住的机器。"*（Le Corbusier，1989［1923］：107）

柯布西耶的原型取材于工程，其形式完全由程序的约束决定。他的例子在设计的迭代中得到了提炼，给出了形式上颇为有趣的结果，但并不是雕塑式的形态。这使得他提出了一个与列维–斯特劳斯的方法相呼应的问题，即从所描绘的关系中显现出来的潜在结构是什么。他认定的结构逻辑是机器，于是就有了**用于居住**的机器。

在解释所选择的原型时，他提及了在相关语境下为其性能进行的精密设计：就汽车而言，是对于道路体现的作用力的表达；飞机机身上的空中飞行应力；海洋对轮船产生的压力。柯布西耶问：对于家来说，与这些相对应的作用力、应力和压力是什么？他对每个设计的整体性考虑一直十分入迷。车辆上每一个恰到好处的固定装置和设备都鼓舞着柯布西耶以类似的方式思考家。这是柯布西耶期望建筑遵循的模式。

人类学家蒂姆·英戈尔德的研究中详细探讨了**居住**的其他影响。英戈尔德主要受到两个人的影响：卡尔·马克思（Karl Marx）和马丁·海德格尔（Martin Heidegger）。

居住不仅仅是对已建成结构的占用，它不代表建造是生产的消费。更确切地说，它意味着在没有设计、建造和使用等活动的情况下，人们根本无法沉浸在生活世界的潮流中。（Ingold，2011：10）

在进一步阐述这个概念时[15]，英戈尔德断言，居住和**存在**（being）的概念交织在一起。这超越了对空间的简单占用，是个人与其环境之间的一张网络，这两者之间的有序互动经常被英戈尔德描述为一种结。这种方法的目的是要在**建造**（building）的视角和**居住**（dwelling）的视角之间建立区别。

这一点在英戈尔德的《环境的感知》（*Perception of the Environment*）一书中得到了最充分的探索，他追踪了从马克思和海德格尔到詹姆斯·吉布森（James Gibson）再到梅洛－庞蒂（Merleau-Ponty）的轨迹。有情之人所栖居的世界被理解为也是有情的。在此，对**居住视角**的描述如下：

我就此想说的是这样一种观点：将有机体——人沉浸在一个环境或生活世界中看作一种不可避免的存在条件。从这个角度来看，世界围绕着栖居者不断形成，它多种多样的组成部分通过融入有规律的生活模式而获得意义。（Ingold，2000：153）

居住视角对建筑的影响是深远的。如果我们将柯布西耶的观点重命名为**机器视角**，与英戈尔德的**居住视角**进行对比，我们可以找到现代主义最大的缺陷的根源[16]：机器虽然需要维护和关注，但它是一种可预测和可知的现象。我们知道当机器处于活动状态时会发生什么，不会有意料之外的运行。进一步扩展这个比喻，柯布西耶的飞机在特殊情况下才会出故障，在这些情景下，大环境因为极端天气、与鸟类相撞或人为错误而变得失常。

这表明，居住视角仍然是适用的，因为它完全适应了大环境，它是人类的生活世界共同生产的。**居住视角**下的建筑大体是这样的：基于对线索和痕迹的长期讨论而建造，百米住宅的实验人类学就切切实实地应用了这些隐喻和类比，它建立在家庭记忆的基础上，并用一团线球直接在景观中描述它们。

百米住宅

作为结论，我在此展示一个独特的**建筑人类学**的实验作品。这个工作坊是"从内部了解"研究小组居住工作坊的一部分，它考察了艺术、建筑、设计和人类学的创造性实践的知识生产。这个例子是一个更广泛的对于线条性质之研究的一部分，在其中，它们被做成彩色的绳子。这个项目挑战了人类学的工作方式，这项合作实验有节制地产生了一些关于家、居住和记忆之间关系的知识。

在这个练习中，一组参与者（5 人）会得到一个 100 米长的线球[17]，并被要求利用附近的森林，根据他们的记忆设计一座房子[18]。参与者会被问到这座理想化的住宅在空间布局上需要什么，如何使用或挪用地形和自然特征来呈现这个想象中的房子，在这个 1 : 1 比例的设计过程中，我们该如何相互合作。

在介绍了包括加斯顿·巴切拉德（Gaston Bachelard）和伊塔洛·卡尔维诺（Italo Calvino）[19] 的寓言等文献之后，17 名参与者被要求考虑以下原型元素：

门槛： 最常被认为是门，但是包括了从一个空间环境去往另一个空间环境的各种可能的方式。如何管理和标记此类转换？

花园： 在我们记忆中的房子里，有花园吗？ 我们对花园的记忆是什么？从童年的玩耍到长期精心地照料植物，以及邀请动物分享这个空间。花园可以是放着植物盆栽的朴素阳台，也可以是田园牧歌般受保护的空间。花园的时间性是一个重要的特征。

窗户： 窗户的布置在想象中具有很鲜明的特征；光圈捕捉到一个视图：呈现出一幅源自现实的图像。

壁炉： 无论是真正的壁炉还是其他焦点，壁炉作为一个概念是家庭的中心，一个聚集的地方。这表明，家既是一处人的聚集地，也是一个物理结构，一个庇护所。

厨房： 食物的准备经常出现在我们对家的讨论中，而厨房是活动的中心。厨房通常根据当天主要的餐食按时间来考虑。

浴室： 一个封闭的私人空间，通常是家里唯一一完全私密的地方。当然，它仍然是一个实用的空间，在某些情况下，清洁的过程是与沐浴的放松或淋浴的活力结合在一起的。

阁楼： 一个专门用于储藏的隐蔽区域，通常装满了仅供季节性使用的物品，或者只是那些无法扔掉的物品。阁楼很少有人参观，但在想象中的房子里，是一个强烈的形象，在巴切拉德的原型和小说里，作为一个特征远远超过了它在日常生活中的重要性。阁楼与橱柜很不一样，因此，在潜意识中，储存并不是它的主要作用。

地窖： 相对于阁楼很少有人参观，对地窖而言，情况要复杂得多。这个空间的品质很重要，虽然许多现代住宅建筑取消了这样的空间，但城市中心的密度日益增长，将这些空间用于完善的住宅中变得十分必要。

之前我们对勒·柯布西耶将家比作机器的类比持怀疑态度，但玛丽·道格拉斯在对于家的令人回味的讨论中将家描述为一部"记忆机器"：

每种建筑都有独特的记忆或期待的能力……家会根据外界压力做出反应，形成它的时间节奏；它处在真实的时间中。对严冬之记忆的反应转化为储存空间、防风窗和额外的毯子；带着对夏季之干旱的记忆，家以遮阳屋顶和水箱作为回应。（1991：294）

在这个描述中，家也是家庭成员之间关于行为的一种节制，并与道格拉斯的描述中的酒店形成了有趣的对比：

酒店的理念与家完全相反，这不仅是因为它使用市场原则进行交易，而且还因为它允许客户购买隐私，即排他的权利。这与家的原则是相违背的，家的规则和分隔只为每个成员提

供有限的私密性。（1991：303-304）

这个实验是对我们记忆中的房屋和家园的直接诉求，它通过在一个能供性[20]很强的环境（图3.3）中进行一个简单的绘图任务来实现：具有不同的地面条件、倾斜度、树干和树枝、岩石和树叶的森林。家在某种程度上被浪漫化和理想化，但故事和记忆的交流形成了房屋的房间之间的交互，至关重要的是，这些房间是如何连接的——流线、组构，空间之间的关系。

这项工作显然借鉴了加斯顿·巴切拉德的经典著作《空间的诗学》[21]和伊塔洛·卡尔维诺的《看不见的城市》——这两本书都因其中所呈现的空间的可能性而长期受到建筑师的欢迎。该工作的框架是对埃尔西利亚市（Ersilia，Calvino，1974：76）的简要解读，这座城市充满了由色彩所编码的线堆积而成的痕迹，这些线代表着**血缘、贸易、权威**和**能动性**的纽带。这个过程本身既是一种协商，也是一种故事的交流。对参与者记忆中的房屋的讨论包括对空间不寻常或不太可能的使用方式。长期和短期占用的持续时间是描述中一个很鲜明的特征，这个100米长的线球可呈现的表达松散稀疏，留出的空间中充满了故事。这些表达方式提高了表达的抽象度和效率。空间中的线条作为边界所具有的转化性质，指示了内部和外部、门槛、窗户和岬角，展示了记忆和语境之间相互作用的复杂性。废弃的篝火、倒下的树枝和场地的地形等现状特征都被描述性地加以使用。

我们合作完成的想象之家利用了现有的地形，一个陡峭的斜坡代替了楼梯。有一条建议是把楼梯平台看作一个重要的空间，从而在一座狭窄的排屋里营造出一个小型的私人空间。

图3.3 百米房屋的照片

在其他地方，树叶的一个间隙代替了一扇可以看到海景的窗户（实际上，这里的景色是佩思郡的山丘）。与之相随的是一个特征点，代表了伸入水中的码头，这对其中一位参与者来说是一段特别快乐的记忆。共识性的空间也是有的，一个树桩变成了家庭聚会的厨房餐桌，在坡上更远一点的地方定义了一个更私密的封闭空间，代表卧室。

以 1∶1 的比例建造房子是实实在在和具身化的：房间按照我们身体的尺寸步测而来。距离用步数、臂展、标高和头顶的空间表示：左 / 右、前 / 后、上 / 下的每一个身体坐标都是通过演示想象出来的。居住毕竟是一种具身性的活动，在设计时提醒自己这一点是至关重要的：我们栖居在空间中，它们成为人体的延伸，以至于我们经常不看就伸手去拿东西。当好心的客人清洗了餐具，然后把东西放到了"错误"的地方，厨房里惯常的活动就会被打乱。

实验中的另一个小组参与了由另一位引导者组织的材料收集练习，他们偶然地发现了带有飘窗、向大海伸出的栈桥、壁炉和门槛、楼梯和平台的房子，所以他们接受了我们已经想象并且合作创造出了一个家这样的虚拟设定，被带上了一段旅途。[22]

注　释

1. 关注性别化空间以及家的感官性和实验性的方面。

2. 在这个题目里，米勒基于物质文化研究描述了家的概念。

3. 布克利记述了苏联时期国家对于家庭的干预，指出了国家会在多大程度上为家庭指定恰当的家具和装饰。这与苏联反对资产阶级生活方式的倡议是一致的。

4. 描述了当代日本家庭的储存和陈列功能。

5. 最值得注意的是玛格丽特·舒特－利诺茨基（Margarette Schütte-Linotzky）于 1926 年设计的**法兰克福厨房**，被用作肯金（Kinchin，2011）厨房文化史中的插图。

6. 报道人：指人类学家做田野调查时和当地社区建立联系的固定伙伴。——译者注

7. 参见 Levi-Strauss（1963：279）。

8. 当然也有例外，有人怀疑或嘲笑以这种方式生活的人是假装的或是在装腔作势，以向生活杂志或其他媒体展示一种无法实现的生活方式之景象，展示"理想"的家。

9. 在维克多·布克利（Victor Buchli，2000，2002）关于苏联时代的住房的著作中可以找到对这个问题的详细探讨。

10. 与所有事物一样，这也存在地区性的其他差异。

11. 有关这方面的更多信息，参见日本建筑师矶崎新（Arata Isozaki，1986），他讨论了日本传统建筑的楼层朝向。

12. 参见 Goodwin（1993）。这是围绕着一个建筑案例来写的，就是有关京都边缘的一座皇家别墅——桂离宫所在地的文献（Gropius et al.，1960；Ponciroli，2004；Ishimoto，2010；Lucas，2018a）。这座别墅曾因早期现代主义者的拜访而闻名，其中包括布鲁诺·陶特，他对平面几何的描述被证明具有极大的影响力。日本建筑师们也注意到，桂离宫与伊势神宫的影响是日本建筑的基础，就相当于帕提农神庙在欧洲的影响（见 Isozaki，2006）。

13. 参见本书第 5 章以及 Mauss（2002［1954］）、Hendry（1993）和 Sansi（2015）。

14. 原文中，第一个"居住"是 dwelling，第二个"居住"是 living in，前者更文学化，更强调栖居、生活，后者更口语化，指一般性的居住。本节中，柯布西耶理论中的居住指的是后者，英戈尔德理论中的居住指的是前者。——译者注

15. 然而，重要的是不要在这里将英戈尔德的作品曲解为明确的海德格尔派，因为他与海德格尔在人类和动物栖息地之间的硬区分（Ingold，2011：11）上存在着重大分歧。对英戈尔德这方面的思想影响更大的是环境心理学家詹姆斯·吉布森和现象学家莫里斯·梅洛－庞蒂。根据吉布森的推算，运动和对环境的感知直接相关，整个有机体都致力于寻找环境必须提供的有用的功能可见性。

16. 当然，无论好坏，因为现代主义较之它之前的（建筑）有很多优点，代表了建筑民主化的尝试。

17. 这给了实验一个固定的持续时间：我们将继续进行，直到 100 米长的线在单股展开、没有切割或分股的情况下被用完。

18. 该实验是在实践环境中讨论教学方法的活动的一部分，提出了一种在实践的解读中理解和调动学习

理念的替代性方法。在苏格兰佩思郡的科姆里克罗夫特举办的住宅活动，是 ERC 高级资助项目"从内部了解"的一部分，笔者是该项目的副研究员。所谓的 KFI 厨房包括广泛的活动，它们被设计为注意力的不同形式：内向注意力、外向注意力和社会注意力。我在这里的目的是研究绘画形式如何影响人类学，使这门学科远离只有民族志是唯一有效的调查形式的想法。

19. 巴切拉德（Bachelard，1992[1958]）和卡尔维诺（Calvino，1974）。

20. 巴切拉德（Bachelard，1992）。

21. 即 affordance，心理学家 James Jerome Gibson 于 1977 年提出的概念，指环境为个体（人或动物）提供的所有行动的可能性；1988 年，唐纳德·诺曼（Donald Norman）将其引入人机交互领域，指代被行动者所感知到的行动的可能性。——译者注

22. 艺术家徐道获（Do Ho Suh）在其 2013 年的作品《家中家中家中家中家》里，以 1:1 的比例制作了他住过的几所房屋的复制品。这些复制品由细致的纺织品构成，悬挂在顶棚上，相互嵌套。这件作品被设计成可以进入、环绕，让到访者进入到画廊中，多感官地、具身化地体验这些空间以及它们彼此之间的关系。

4 博物馆和收藏建筑

引言

继续以人类学理论来探讨建筑类型，本章将介绍博物馆。作为后殖民主义理论中最具争议的空间之一，博物馆所代表的那种积累和展示的过程，通常与其所根植的掠夺或统治这一历史事实相伴随。虽然情况并非总是如此，但博物馆中展示的殖民时期工艺品为我们提供了许多可转换的理论和争议较小的材料。

人类学家经常处理土著社区与西方收藏家之间的关系问题。这些关系会随着时间的推移而变得非常牢固，从而为曾经出于特定文化原因而生产的商品创造一个市场——就像苏珊娜·库奇勒所描述的马兰甘葬礼雕塑那样。这种为边缘社区提供经济生命线的刻意创作工艺品的趋势，让爱德华·赛义德（Edward Said）所描述的东方主义叙事变得复杂起来。这种轨迹，或者说记述，延续了"家"那一章的物质文化研究的思路，但却带有更强烈的政治意味。

在这里，我选择使用自己收集的建筑作为案例，而不是记录一个博物馆建筑。它将强调关于物品地位的讨论，因为有一种针对博物馆的后殖民批判的辩护认为，建筑本身是静默的，有问题的是策展人的收购政策。通过讨论那些已经脱离语境的、变得安全的、可以作解释和陈列的建筑就可以很明显地看出——建筑的地位可以促使其原始功能彻底改变。这一论点可以延伸至其他关于建筑的再使用和保护的实践中去，并引发一场关于这种再分类中固有的断裂情况的讨论。与其有意避免这种彻底的地位转变，我的建议是对这个正在发生的转变予以更多的认知和重视，积极地把问题暴露出来而不是刻意回避它。

博物馆的问题所在

博物馆作为建筑结构的核心意义是致力于纪念和对收藏品的呈现。人类学和其他学科都对此进行了批判，即将最初看起来是公益和教育用途的机构变成了备受争议的殖民主义场所。与收藏相关的问题包括我们的物质文化的对象化问题以及工艺品被移出其语境后的重新定位问题。鲍德里亚[1]表示，一旦物品被列入收藏中，那么它的功能性就被剥夺了——这是一种去语境化的行为，不光剥夺了物品的使用价值，也阻碍了它们在日常生活中本来用途的存续。

这种对博物馆的批评看上去似乎冒着废除这种公共利益的风险，但其实恰恰相反，通过将我们对博物馆的理解复杂化，我们开始理解博物馆的核心价值以及它们可能造成的问题。重要的是去发现细微差别，并且去改善我们与博物馆或其他地方所收藏或展出的物品之间的关系。"谁说了关于谁的什么"这种问题应该作为我们面对此类展览的首要问题。

博物馆和收藏在世界上有着巨大的积极的教育和行动的力量，因此对其作一个更积极的注解是很重要的。达到此目的的一种方法在于唤起"共鸣"（resonance）和"惊奇"（wonder）这两种意图。史蒂芬·格林布拉特（Steven Greenblatt）[2]在其同样命名为共鸣和惊奇的文章中考察了这两个孪生概念，唤起了我们对被时间或距离分隔的人类的同情：去理解由人类双手所创造的事物，同时在它们的生活世界中看到我们自身。[3]

这让我们开始转向讨论这些工艺品以及它们在博物馆中能够唤起的公众反应。毕竟，最终的目标是去分享和教育——加深我们彼此的理解。不论我们怎样质疑这种活动的潜在机制，一些具有启迪性和积极性的东西仍然存在——在一定程度上它必须是可能的，并且是值得去实现的目标。

与工艺品相关的真实故事是关键。相比仅仅展示一件完美的、柏拉图式的理想型物品，伴有某种残缺的物品，或是某种显示出清晰的使用痕迹的物品，可能是更有说服力的叙述，它们是日常性的，而不是仪式性的。这听起来可能很微妙，但却体现了一种收藏焦点的实质性转变。通过舍弃一系列精致的案例，展出的物品可能反而是最能反映使用者生活的物品。我们可以在这些文物中去发现生活和使用的痕迹，这种与他人的联系，这种对共同人性的共鸣和呼唤，应该成为我们展示某种文化的核心所在。

"惊奇"代表了我们对于人类理解世界、理解环境并与之互动的一些可能方式的惊异。"共鸣"是一种认识，即认识到人类有多种可能的生活方式，即使是最不寻常的方式，我们也有一些共同之处。面对这些物质上的痕迹，只要我们充分理解其语境，我们就能进入他者的世界。理解这些当代博物馆学中的潜在概念，可以让建筑师更好地领会如何以一种非殖民化的方式进行设计。

凯莉·麦瑟吉（Kylie Message，2006）讨论了 21 世纪初博物馆空间的一系列创新方法。为了解决现有博物馆和全新机制的重构问题，麦瑟吉提问道：这些机构是如何在它们的殖民岁月中添加一层自我意识的？坚持全民教育的原则保留了 19 世纪的实证主义根源，由此提出的一个问题是：教育可能采取什么形式？透过罗萨琳·克劳斯（Rosalind Krauss）、米克·巴尔（Mieke Bal）、唐娜·哈拉维（Donna Haraway）和唐纳德·克里普（Donald Crimp）等人的论辩（Message，2006：18），引用布尔迪厄的文化资本理论和福柯（Foucault）对于实际上是权力结构的各项制度的批判，当代博物馆的历史发展得以被追溯，引出了"博物馆如何产生价值"的讨论。这种价值的生成在我们稍后讨论的韩屋住宅案例中十分重要，它不是一个简单的商品，而是一种类型的范例和代表。在麦瑟吉所讨论的案例中，展品并不是唯一的展示，博物馆及其展示流程也将展示给观展者，从而使收藏品的潜在机制变得透明。

在《物地图》（*Object Atlas*）的引言中（Deliss, Ed, 2012：7），人类学家保罗·拉宾诺（Paul Rabinow）也讨论了**新的**博物馆，尤其是关于民族志藏品的那些。这些最令人担忧、最具争议的藏品往往与人类学学科交织在一起，在这个学科中，藏品根据人类学家作为文化收藏者的过时观念所安置和分类，展示了面具、陶器以及来自不同文化的宗教器物。拉宾诺承认实践的根源是殖民主义，且表示这些机构的职责之一是持续展示物品，但也要公开地、真诚地去讲述它们是怎么来的。这是在**补救**和精心策划中寻找解决争议的办法，不仅要去承认历史中的错误，还要走向**纠正**的道路。克莱门汀·德里斯（Clémentine Deliss）是法兰克福世界文化博物馆的馆长，他策划了被记录在《物地图》中的展览。《物地图》记录了由 7 名艺术家和学者共同组成的国际团队的工作，他们被要求对博物馆中的民族志藏品作出回应。这种参与被定义为对博物馆的一次田野调查，把它作为一个值得研究的场所来解读，仿照阿比·瓦尔堡（Aby Warburg）的《记忆地图》（*Mnemosyne Atlas*），以相似的方式来考察艺术展示机构。这让麦瑟吉在博物馆的自我意识和批判性方面的工作变得严肃起来，尽管这可能是内化了的。与当代民族志的实践一样，该项目是一种对博物馆藏品带有创造性的回应，其通过协作生产克服了一系列研究中的潜在问题。

康斯坦斯·克拉森（Constance Classen）和大卫·豪斯（David Howes，2006）考量了与博物馆藏品交流的准确属性。他们主张一种更全面的多感官接触，以此来避免由凝视所主导的一般性趋势。他们认为，通过使用与藏品相关的感官交互，人们可以用更适合自身的方式来观照对象。他们认为，在众多集合中的每个物品都"体现了一种具体的复合感官"（2006：200），在玻璃罩里面展示物品是没有意义的，这仅仅是众多参与方式中的一种。鲍德里亚（Baudrillard，1994）指出，博物馆中的物品从它们的语境中被移除，不能以其原有的方式使用，这一过程可能会产生一些意想不到的影响，它使观者远离了这些器物以及制作或使用它们的人。正如我们在本章稍后看到的一样，克拉森和豪斯对于"露天"博物馆（2006：218-219）这一难题的优先解决方案是提供一种整体环境，包括建筑和景观，这本身就是不可思议并且充满问题的。

人类学家苏珊娜·库奇勒在研究马兰甘雕塑的过程中发现了一些有关收藏属性的论题。马兰甘是巴布亚新几内亚新爱尔兰地区出产的一种丧葬手工制品。[4] 马兰甘这个名字是指在这一地域范围内的各种制作方法，是巴布亚新几内亚民族志博物馆里最常见的物品之一。这些器物不但揭示了新爱尔兰本土的生与死的本质，同时也作为一种企图捕获和收藏异文化作品的表征，揭示了物质文化及其在西方的消费行为。尽管并非建构式的，但马兰甘呈现了去语境化运作的过程。

这些器物的确起到了一种纪念的作用，但是它们的创造和使用的事实，在让马兰甘的收藏和陈列成为可能的同时也抵制了其自身。库奇勒直到后期才对这些器物作出描述。这是有意为之的，因为她的议题不是要将其客观化，而是要去真正理解这个深具客观性的实践过程。显然，在现实的实践意义上，马兰甘毋宁是一种雕刻的木制品，是一种纪念死者的图式。

马兰甘与人的关系非常有趣，它的图像可以被视作一种记忆，一种代表死者的助记装置。马兰甘可以雕刻若干种象征性的图案和形式，也包括不同种类的贝壳和与人们有关的动物。

这些形式主要来源于一系列的原型，包括自然、人造物品，诸如独木舟和管子以及神话和象征的参照物。这些符号和图案共同构成了马兰甘雕塑的调色板，每个特定的马兰甘还代表了所有共存符号的累积。库奇勒确定了另一种**集合**（assemblage）模式，它们之间的区别类似于浪漫故事与英雄事迹之间的差异；这些类型的集合有着更广泛的文化影响，且很容易被新爱尔兰居民认知和分类。

最重要的是这些物品被嵌入的文化实践内涵——有意或无意的。葬礼仪式伴随着马兰甘的制作以及物品最终的销毁和处理。首先，马兰甘的制作并不是一门失传的手艺，这些手工艺品的创造和使用一直持续至今。葬礼的仪式设定了马兰甘是梦境化的，恰当的形式和象征意义在木头的"皮肤"上得以显现。然而，从字面意义上讲，这并不是一种纪念或再现。人们的期许并不是躯体的不朽（2002：7），而是迈向死亡并进入新的轮回。凯伦·赛克斯（Karen Sykes，2007）明确地参考了民族志材料，并对马兰甘雕塑制作过程的变化给出了进一步的细节描述：在这种情况下，影像记录能给予当代的雕刻师以更多过去的实践经验。与之相应，海迪·盖斯玛（Haidy Geismar, 2009）也研究了马兰甘和摄影的交集。

在葬礼仪式结束时，马兰甘会被象征性地摧毁和遗弃在附近的森林地区。这是马兰甘的关键，它就这样落入了西方收藏家之手，并且如此彻底地被误读和剥离语境。通过研究这些"死去的"马兰甘工艺品，他们将其作为完全脱离功能语境的物品来进行处置。在此，它不再是马兰甘，因为它的原始功能和物性都已经被消解殆尽了。

显然，作为工艺品的马兰甘确实存在，而且就在那里。但从本质上说，尽管收藏家们很了解实情，但他们只是在收藏他们自身的他性、收藏他们自身的感受而非他们所**理解**的原物。这些雕刻艺术品的市场由于马兰甘工匠对其缺乏关注而变得更加复杂。在短时间内，他们代表了一个故去的人，过后就会被丢弃且作为轮回的一部分，不再起任何作用，只是任其腐烂。因此，在遥远的民族志博物馆保存这件文物似乎并没有问题，因为它已经不再是马兰甘了（Küchler, 2002：167-168）。

在这个阶段，物品的这种地位变化并没有赋予它任何价值，但在其真正的使用过程中，它们可以由贝壳货币来交换，并具有较高的地位。尽管有仪式上的联想，但一旦雕像被杀死，那么它就不再重要了，并且在此基础上，它们会被愉快地出售给西方收藏家。它们固然是被误解的，但大概再也不会被人利用了。

马兰甘作为一个仪式物品和非西方艺术的典型工艺品，被欧洲和北美的传统博物馆进行研究，其中有大量的细节。然而，在工匠、使用者、人类学家和收藏家对于这一工艺品的处理中，库奇勒意识到的是一种对整个非西方"艺术"之探索的缩影是否应当被建构，甚至被向往。不论这些物品具备多么复杂的仪式性和美学体验，它们的初衷都和人与人、生者与死者之间的关系紧密相连。

我们可以在以下例子中找到马兰甘的痕迹——展览和博物馆实践都暴露出了有意和无意的文化展示。当我们进行展览时，我们不仅是在展出文物，而且也展示出了获得和入藏的机制以及对原始文化和收藏者的理解。

博物馆研究和人类学学科都讨论了在受限的博物馆环境中，物品的原始制造者和观察者之间的权力关系。下面的例子探讨了博物馆如何被重塑为一种消隐的所在，让人们向世界展示自己而非被动地置身于展览之中以及具有神圣价值的物品如何回归到它们的语境中。第一个案例是三鹰市的江户—东京露天博物馆，东京的建筑没有在城镇的快速重建期间被拆除，而是像博物馆里的展品那样被移动和重建，让参观者进入建筑内部且与之互动的方式是真实的，同时也是被建构的。第二个案例是对韩国韩屋住宅的讨论[5]——它对当代生活的适应和抵抗以及在密集的城市环境中保护"韩屋村"的象征性意义，其方法是通过收集和移植建筑物，将它们从原地连根拔起从而实现保护。[6]

本章讨论了一系列关于收藏和文化展示的问题。这是对第3章的补充，在第3章中，我们思考了生活中私人和隐秘的部分——家庭的亲密感，其意义不是为了让外人消费，恰恰相反，必须是从我们的亲身经验中获得。但在本章中，家庭空间作为展示对象被重新类型化了。此处的主题是精心设计的建筑，将建筑视作物体或工艺品来对待。选择进行这样的展示是有趣的，它表明了一种沟通的愿望，但同时它也植根于殖民主义、误解和客观化等令人担忧的关系。

文化展示：纪念碑和主题公园

文化展示在博物馆里最为明显，但其他场所也有文化展示的特点。这个术语指的是有意识地将某物作为一种文化的形象或表征来展示。它可能身着传统服饰作为自己国家的标志，或是使用特定的文化编码来表明与种族或其他文化群体的联系。诚然，很难找到一个完全没有文化展示的环境，而那些有意展示其文化形象的特定场所却可以被人们清楚地理解。

在人类学家乔伊·亨德利对日本主题公园产业的研究中，她对日本文化产业选择展示自己的本土文化和其他国家（尤其是西方国家）的文化给予了精彩的描述。该著作名为《东方反击战》（*The Orient Strikes Back*），直接让人想起了爱德华·赛义德的作品。赛义德的名著《东方主义》讨论了西方如何将基督世界以外的世界概念化，尤其是借助于"东方"这个模糊的概念。赛义德是一位文化史学家，他将东方主义的概念发展为一种描述西方政治根源、权力关系和他者观念的方式。

赛义德的分析表明，西方对东方的概念化行为是普遍存在的[7]，这种行为通常围绕着对历史事件和宗教信仰的错误理解，赛义德将其描述为一种含蓄而非明确的塑造。尽管如此，在西方关于东方的话语中，这种概念化描述仍然是一种强有力的因素。可以确定的是，在这个族群之间充满误解且紧张关系不断加深的混杂世界中，赛义德的工作在当代地缘政治学中仍然非常重要。几个世纪以来，贸易往来和更紧密的共存关系已经成为东西方生活的一种特征[8]：民粹主义政治无论如何也无法成为新的主导。

赛义德将东方主义解释为西方对东方的一种"理解（或者说是误解和强化的先入之见）体系"。艺术收藏和对他者的文化展示都内化于其中。西方作者们不允许别人代表自己，却凭借着白人和西方的优越感，通过一套公认的话语体系和普遍假设来使用他们的东方知识。对待包括中东、印度次大陆、中国和日本等不同地区皆是如此。东方主义的态度是帝国主义和殖民主义的。这之中蕴含了一种家长式的意味：在某一特定的历史时期，其他文化没有任何进步，因而西方列强的侵占是符合被殖民国利益的。由此可见，东方主义也是对作为一种主导叙事的"进步"的批判，它仅仅彰显了西方的主导地位，而忽视了人类的其他存在方式，而这正是人类学研究的主题。这种对于进步的态度表明了征服、侵占和利用其他文化的企图，因为我们西方人"更了解"且正在按照最大利益的原则来行动：减少父母和孩子之间的那种亲子关系。这显然是不可接受的，但这种态度依旧指导着我们今天的行动。这就是赛义德在他的作品里所揭露的：这些帝国主义思想的残余必须受到挑战，以促进不同文化之间更全面而深入的理解[9]。

但是，这种关系不是单向的，乔伊·亨德利在她的作品里探索了另一个方向的实例。在亨德利关于日本主题公园的研究中，她发现了一个反东方主义的例子，于是，她将注意力转向了东方对于西方的文化认知。这是对西方世界的兴趣使然，却也是一次困难的经历。解决方案既务实也极其独特：在1980年代的泡沫经济中，日本建造了大量主题公园，这些主题公园远超我们所熟悉的迪士尼乐园，他们试图在这些旅游景点的有限异托邦里复制欧洲文化。

主题公园和游乐园之间存在明显区别，它们被安排在过山车之类的游乐设施周围。本书的引言（2000：19）列举了几个国家的代表性公园，包括加拿大、德国、丹麦、瑞士、英国和西班牙。当然，也有一些混合公园，其中包含着代表不同国家的区域划分。这些公园通常包含重要建筑物的复制品；文化展示和国家历史都被容纳在如市政厅那样的大型公众建筑中，整个公园都附会着粗陋的文化主题。例如"快乐王国"（Glücks Königreich）将格林兄弟的作品作为主题，英国公园将莎士比亚作为主题，加拿大公园则将小说《绿山墙的安妮》（*Anne of Green Gables*）作为主题。

德国主题公园里有售卖相应食物、饮品的餐馆和酒吧，销售德国文学译本的书店以及在现场传统手工作坊制作或从原产国进口的纪念品。主题公园的职工都是本地人，他们的工作是充当主人、表演舞蹈或手工艺，并经常参加大型日常游行活动。所有这些都遵循着迪士尼建立的主题公园范式。

还有其他例子，如"加拿大世界"着重于虚构场景的重现，例如露西·蒙哥马利（Lucy Montgomery）所著《绿山墙的安妮》中的埃文利（Avonlea）。这个公园仍然是以现实世界为模型的——爱德华王子岛——并且还填充了书中的细节。公园的体验项目包括小说里各种不同的场景，还提供了穿上戏服道具拍照留念的机会。这本书在日本拥有高人气的原因在于人们对陈安妮（Anne-chan）这个角色产生了共鸣，她在逆境中的韧性被视作一种生活方式。据亨德利所述，那些女性顾客——她最热情的粉丝，也是公园服务的对象——对见到饰演她的加拿大女演员感到既紧张又兴奋。

人们很容易对这些地方持怀疑态度，也许对于一个基于虚构场景所建成的场所更是如此。但很明显，也会有一些新奇有趣的事情持续发生。事实上，文丘里（Venturi）、斯科特·布朗（Scott-Brown）和劳赫（Rauch）在他们具有开创性的建筑理论著作《向拉斯韦加斯学习》（*Learning from Las Vegas*）（1997）中详细记录了类似情况。一些主题场所经常被主流建筑话语所忽略[10]，但是它们仍服务于某种需求和目的，而且是空间和文化展示的重要表现形式。

将手工艺和表演传统融入公园尤为重要，因为这是一种以实践为基础的对比，与西方以物为基础的博物馆文化形成了对比。例如在英国的许多城市博物馆（还有许多与日本有着强历史关联的国家，比如荷兰），会把日本艺术品放置于橱窗内，作为从某个地区获得的成组物品来展示，或者以物品类型来分类展示，例如武器类、盔甲类、陶器类、纸制用品类等。博物馆的趋势是去语境化，因为其可以根据任意的方案安排，展示脱离空间和时间以外的物品。相比之下，主题公园是为来自本地区的人们提供表演的场所。这些表演可能在某种程度上不真实，但它们都具有一些习俗、惯例、传统以及现实中的艺术和手工艺的基础。

这就引出了一个关于**真品**和**复制品**的立场问题。日本人在接受亨德利（2000：168）的采访时，认为他们精心重建的莎士比亚出生地——位于**丹山莎士比亚公园**内的埃文河畔的斯特拉福德比英国的真房子更加真实。这种真实性基于过时的工艺和材料使用，以确保该建筑是按照初始的样子来建造的。更有趣的是，因为这座房屋没有被刻上岁月的痕迹，因此它被认为更接近莎士比亚本人对这所房屋的感受。

亨德利参观的一系列主题公园显示出了另一个共同线索，这些公园综观起来就是一个**集合体**。不过，它们的方法是以实践为基础，其魅力在于生活的组织方式，制作面包、啤酒或陶器等工艺。这种基于实践的方法避免了鲍德里亚所指的**客观化**过程中的某些因素，但或许仅仅是以不同的方式去处理客观化，而不是彻底地避免了其中的陷阱。通过去除原初的时间和环境，这种方法担上了将实践活动而不是工艺品客观化的风险。其趣味在于清除了当代影响后的历史场所。这是令人不安的，因为它含有一种否定现在的态度，换句话说，对于他者文化的兴趣会被现在和过去的共存而搅浑。尽管是基于实践和表演，但结果依旧是令人不舒服的、与现实不符的。这也不是德国人、西班牙人、加拿大人或英国人表达他们自己的方式。这显然就是日本人选择表现这些欧洲**他者**的方式。

当有关各方之间出现不平衡的权力关系时，这就是一个突出的问题。欧洲国家及其公民可以很容易地纠正这种平衡，并对他们的表达方式产生影响，但问题的关键在于那些受收藏家和博物馆关注的边缘群体。[11]

纪念碑的共同目的是文化展示。[12] 在第 3 章中，我们探讨了家庭文化展示的微妙之处，在该部分，我们并没有刻意构建并将其置于他者的视野中去理解。纪念碑是我们有意去展示的处所。由阿德里安·弗蒂（Adrian Forty）和苏珊娜·库奇勒编辑的《遗忘的艺术》（*The Art of Forgetting*）涉及这种建筑和雕塑类型的若干例子。将西方纪念碑的历史追溯到了文艺复兴时期（其实这段历史一直上溯到古代），弗蒂和库奇勒讨论了人类记忆在实物中沉淀的过程（Forty & Küchler，1999：2）。将记忆从人脑转移到实体是一个奇怪的过程，但它延长了这些记忆的持续时间，即便不能使之永存，至少赋予了它们一种持久性。这就解释了为什么纪念碑在战争中被蓄意破坏（最近被列入联合国对于战争罪行的定义），因为这是一种试图抹去一个民族文化的行为。

也就是说，纪念碑的功能不仅是值得永远被铭记的事件的象征，而且具有代表性意义，一些实际生活的记忆可以被投入在这块石头里。纪念碑能够有效地使我们忘记一个事件并让生活继续下去，它象征着事件，并且将在一年中特定的纪念时间被激活，而不会让日常生活背负着那些不堪。在这种思路下，伦敦的纪念碑会在每年 11 月的纪念活动中充当焦点，而实际上其余时间它都处于休眠状态。

悼念活动通常是为了纪念军事活动和政治人物而设立的，最近也扩展到了公民事务。20 世纪的战后时期，大屠杀的复杂性一直困扰着人们：这显然是一个需要铭记和纪念的事件，但它仍然与当代政治交织在一起。找到理解这些可怕事件的内在结构是尤其困难的，弗蒂和库奇勒列举了几个例子，认为一种**反纪念**类型出现了。纪念碑类型的时序性是这些设计的一个参数。传统纪念碑企图阻止时间，而克里斯蒂安·波尔坦斯基（Christian Boltanski）和约亨·格茨（Jochen Gerz）的大屠杀纪念碑呈现了一种关于时间流逝的表达——纪念碑逐渐降低到地面或铺路石，下面有犹太人的墓志铭："纪念碑关乎了解，而无关看见。"（Forty & Küchler，1999：6-7）

还有其他由艺术家和建筑师参与的纪念性建筑的例子，也涉及时间和隐匿：人们注意到丹尼尔·利伯斯金（Daniel Libeskind）的柏林犹太人博物馆（图 4.1），在艺术品被安置进陈列柜之前更有效而且更具情绪感染力。参差不齐的几何结构代表了建筑的体量，特别是它的平面形式象征着柏林犹太人居住区的缺失。从这件作品中，弗蒂和库奇勒发展出了一个关于**遗忘**的观点，即纪念碑是一种必要的健忘（Forty & Küchler，1999：16）。利伯斯金否认这座建筑的纪念地位，而是将它看作被遗忘的姓名或未写就的乐谱的占位符。

纪念碑作为遗忘机器所采取的策略包括：

分离：
纪念碑表达着"应该被铭记"和"可以被遗忘"这二者之间的区别。

铭记和遗忘之间的张力：

这通常是悼念活动戏剧性的来源：在追悼会上，它可以作为对哀悼者的指责——指责他们没有将被纪念者一直铭记于心。

排除：

通过留下战争破坏的伤痕或残迹，它仍然显露，并被排除在城市的时间性和发展之外。这是莱比乌斯·伍兹（Lebbeus Woods）为南斯拉夫提出的建议——用可见的伤痕来修复受损的建筑物。[13]

偶像破坏：

对于之前不受欢迎时代的纪念碑的实际破坏，就如弗蒂和库奇勒所讨论的苏联的例子（Forty & Küchler, 1999：10）——由劳拉·马尔维（Laura Mulvey）和马克·刘易斯（Mark Lewis）拍摄的《耻辱的纪念碑》。苏联解体后，对列宁雕像的破坏和重新利用显示了反偶像运动的一系列替代性策略。（Forty & Küchler, 1999：8）

图4.1　柏林犹太人博物馆的照片（丹尼尔·利伯斯金摄）

伦敦特拉法加广场的**第四基座**可能是一个很好的例子。这个空间就像一个反传统的被破坏的纪念碑，定期被当代艺术家的作品占据。只有基座从未被占据过。人们原本打算在它上面建一座雕塑，但是在建骑兵雕像之前，建立广场的资金就已经用尽了。大众把对将军和海军上将的颂扬转移到更多的民众话题上，因此把什么放置在基座上成了更令人焦虑的问题。的确，公众对于"伟大"人物雕塑的看法是十分复杂且饱含争议的，因此，想要填充这个空白区域非常困难。通过建立一个当代公共艺术项目，可以在有限的时间内占领空间，"第四基座"由此避免了永久性纪念碑的许多问题。但是，有些建议仍然呼唤铭记和纪念的作用，只是方式不同于传统的军事叙述。2010年，艺术家修尼巴尔（Yinka Shonibare）所创作的"瓶中船"占据了基座，公众自发呼吁为其收购提供资金，并将其永久安置在格林尼治的英国国家海事博物馆中，它呈现了受印度尼西亚蜡染布影响而制作的纳尔逊"胜利"号船桅模型，以此来纪念全球贸易和殖民主义。

基座上的其他展览包括安东尼·葛姆雷（Anthony Gormley）的平等主义项目，他在《一个又一个》（One & Other）中为100个参与者提供了平台。不过，更有趣的是马克·奎因（Marc Quinn）的作品《怀孕的艾莉森·拉珀》（Alison Lapper Pregnant），在这个作品中，人体形式这种自然主义的传统表现语言被应用到一个非传统的主题上：一个身体残疾的孕妇。这件矗立的白色大理石雕像与其他基座上的男性侵略者形成了鲜明对比，这让她显得异常英勇，并更加值得颂扬。

让纪念碑叙述变得复杂的根源在于后殖民时代对世界的理解，即那些在我们的制度中仍然可以找到的早期西方殖民主义者的预设。去殖民化是一个过程，是一个给予被否认的人发言权的过程，是一个承认那些否定非西方社会和个体之能动性的意识形态在我们的世界观的形成中仍然存在的过程。这是一个建立意识和再平衡的过程，也是一项对我们而言才刚刚开始的工作。

建筑的收藏

传统博物馆是收藏性的建筑，但也存在一些建筑本身被收藏的例子。许多城市博物馆力图通过重建历史建筑来展示它们所在城市的过往，位于东京的**江户东京露天建筑博物馆**（图 4.2）则采取了另一种策略。它是亨德利所描述的露天博物馆的典型例子，参观博物馆的经历被视作一种分裂行为，被一种不完全正确的感觉所困扰——它为房屋和商店提供了一种语境，但这仍然是建构的语境。博物馆获得了一些将要拆除的建筑，并将它们安置在一个公园环境中，将其中一些聚集起来形成一个昭和时代的典型街区 [14]，将其他建筑分隔开来，作为带有花园的独立住宅，以获得特别的关注。这些建筑本身介于那些将原址保留的建筑和那些不再发挥其原有功能并将被拆除的建筑之间。它们往往要么是重要人物的住宅（例如师从柯布西耶

图 4.2　作者拍摄的江户东京露天建筑博物馆外景

的现代主义建筑师前川国男），要么是重要建筑类型的代表，例如公共浴室、警察局和各种零售店。

在参观露天博物馆时，建筑和其环境之间的关系会让人感到不安。鲍德里亚关于博物馆展品的讨论很好地阐明了这一点，并且强调了收藏的去语境化（decontextualizing）属性。很显然，整个建筑群的移植，在我们对每一栋建筑的期望中呈现出了一种不和谐的分歧。那些细小的线索表露在建筑和地面的原始关系、建筑的朝向和它们与相邻建筑的位置关系中。一家商店留下了在第二次世界大战中被轰炸的痕迹，而它的邻居却毫发无伤——因为它们最初就占据着城市中完全独立的不同部分。这些线索随着时间的推移而被放大，进而产生了规划上的深层次不安：建筑显然是真实的，但它们的用途却不是（图 4.3）。

鲍德里亚所著的《收集体系》（*The System of Collecting*）将收集作为一种活动过程而非已完成的事物。收集事物的过程包括在空间和时间上对物品进行去语境化。文中给出了六个关键策略：

图 4.3 作者拍摄的江户东京露天建筑博物馆内景

（1）剥离物品的功能；

（2）爱这件物品；

（3）像对宠物一样对待物品；

（4）按照系列归类物品；

（5）评测单个物品的质量，并根据标准进行筛选；

（6）阻止和控制时间的流逝。（Baudrillard，1994）。

当整个建筑从它的最初环境转移到露天博物馆的公园环境中时，功能的改变是理解机制介入过程的关键。不像按照比例在展厅中摆放陶器或家具的过程那样简单，建筑的不可携带性是困难的关键所在。建筑作为展品不仅被剥夺了其功能，还被给予了新的功能：它在被安放的同时也**成了博物馆**本身。

原本属于私人的建筑现在向小团体游客开放，让他们来审视布景的各个方面。这更像是一场电影的道具设计，对每个装置和设备诸种要素的关注让建筑凝固在了一个适当的时期（图 4.4）。通常，这个时期定格于一个时代：任何早期或晚期的痕迹都不被允许以免混淆我们拥有的意象。我们能看到家庭生活场景的幕后，并被允许从一个房间漫步到另一个房间，同时与那些可能邀请我们居住或栖居的家具隔离开来。

56

这就凸显了另一个问题：一个人突然变成了某个景观的旁观者，而本来这个景观应该被解读为建筑的一个独立部件。正如玛丽·道格拉斯所表达的，这些建筑是深受收藏家**喜爱**的，被悉心照料和维护的，尽管格格不入，但仍是没有任何污垢的。这就产生了一种类似**古色**（patina）和**尘垢**（dirt）之间的区别，即磨损和毁坏那样可接受和不可接受因素之间的那种差异。

这种出戏体验的根源在于它试图留住时间：这些建筑都按照精确的时间点去进行装饰，然后保持不变，消除了不想要的时代的居住痕迹。这是博物馆叙事中不言自明的部分，但是它把体验放置于展览和建筑间奇怪的过渡状态之中。博物馆的这种现状验证了我们对世界上其他建筑的一些解读方式：强调环境和时序的重要性，强调与广阔环境的交互，强调它如何适应时间的流逝，这要么通过另一种使用和重建来实现，要么更简单地通过收纳一些更当代的物品和家具来实现。除了提供给我们一个东京昭和时代的窗口，博物馆还提示和强调

图 4.4　作者拍摄的江户东京露天建筑博物馆的细节

了在这广阔的世界中我们审视建筑的方式以及体认时序性和语境的微妙线索的重要性。

首尔的建筑收藏策略

首尔市当局采用不同的策略去维护韩屋住宅群，这是露天博物馆的另一种变体。这种传统形式的院落住宅由石砌围墙组成，用几何图案加以装饰，室内用木结构，配以弯曲的瓦屋顶。独特的地暖体系在韩屋建筑中有着悠久的历史，住宅本身现在仍然被使用，经常服务于现代用途（图 4.5）[15]，这从空调机组、公共事业单位的仪表和地上的电力供应就能够看出。

有两个把这些聚集在一起的地区——北川和南山村（图 4.6）。北川是一个繁忙的居住和小规模零售混合的区域，位于城市中的陡峭山区。这个区域的基调是安静和低层建筑，兼有精心设计的、与传统协调的当代建筑。首尔的低层建筑要素是十分显著的，因为这个城市在地理上受到山的限制，这就意味着这个城市的现代部分密度极高。随着国家的现代化，土地压力导致大量的韩屋建筑被拆除，一直到 1990 年代，保护政策才真正开展。如今，为了保护韩屋生活，同时出台了三个政策。第一，保存现有的韩屋，保护它们。通常，这种保护包括与前文提到的东京露天博物馆类似的拆除迁建策略。"去语境化"的问题在这里更加复杂，因为韩屋经常以一种敏感的方式搬迁，与其他类似的构筑物聚集形成一个整体性的区域。如果这些房屋转变为旅游景区，提供拍摄美照的机会，且能保留作为住宅的功能，那么这些村庄就相对成功了。当然也有一些关于韩屋居住的个案被作为博物馆保存下来。这呈现出了与露

图 4.5　作者拍摄的适于当代使用的韩屋建筑，展示了通风系统和公共仪表

图 4.6　作者拍摄的南山谷韩屋村（一个露天博物馆的例子）

天博物馆相似的一些情况：通过剥离其作为住宅的功能，使建筑成为样板。

第二个政策是南山谷的：根据现存标准，通过促进和形成新的住宅来保护韩屋生活。这与上面讲到的策略有些不同，涉及根据留存的建筑创立一套历史标准。这样一来，人们将对什么是真正的韩屋以及什么不在这个定义范围内作出一系列判断：它能对现代生活作出多少让步？这个定义由国土交通部通过全国韩屋竞赛[16]来提供，在这个竞赛中还公布了一系列当代韩屋的例子。

将收集的韩屋素材提取转化成一系列参数或规则的做法代表了收藏建筑的进一步发展，它试图通过保持其与当代处境的同步来重构历史形式。这与促进日本民间艺术欣赏的**民艺运动**的发展类似，具有赵秉秀（Byoungso Cho）[17]所描述的"拙"（mak）和"虚"（bium）的美学品质。在这种情况下，"拙"是一种自发的粗糙，就像木材的粗糙以及它们与石头基座的完美接合。"虚"表示一种空寂，韩屋的中心庭院空间对赵秉秀来说就是这样一种表述。对原材料的、未经加工的不完美材质的赞颂，成为传统韩国建筑美学的一部分。这就变成了新的韩屋规范（图 4.7），与赵秉秀对于韩国艺术即兴特质的广泛讨论相悖：收藏，即使是在重建和新建的模式下运行，它仍会使事物僵化和冻结成一个系列。

图 4.7　施工中的墙面细节——作者拍摄的新建房屋，被设计成传统韩屋的样式
这里值得注意的是，比起这些技术，墙壁的装饰方式更像韩屋建筑。

修复与再生

韩屋的类型化模仿方式十分重要，因为它关系到韩国的国家建设运动，与景福宫国家景观的重建、首尔清溪川的"修复"、新首尔市政厅与其对应者——日本殖民占领的遗迹的关系等都是平行的[18]。这三个案例代表了文化展示的不同形式，这是一种精心构建的文化概念，旨在对过去的殖民历史作出一个统一声明。正如新市政厅和清溪川修复工程那样，文化再利用的过程也要具有示范性和可视性。

首尔市中心的清溪川修复项目（图 4.8）在东大门地区边缘，是城市中心重建的关键因素。清溪川从城市北部流入汉江，这里曾是服装业的中心，但由于服装染色和其他活动而受到污染。

图 4.8　作者拍摄的清溪川修复后的景观

清溪川以频发的山洪和不平坦的地面条件而闻名，尽管从 1900 年就开始修建堤坝以加固河道与城市之间的水岸，但在一段时间内，这条河依旧被视为问题区域。1950 年代，作为城市现代化工程的一部分，清溪川被改造并被地面道路所取代，1965 年，又在上面修建了一条高架高速公路。与此同时，建筑师金世勋（Kim Swoo Geun）设计的"世云上街"现代主义综合建筑，将商场与住宅功能结合在一起。到了 2002 年，现代汽车前首席执行官李明博（Lee Myung Bak）当选首尔市长，将清溪川的修复提议作为竞选承诺。这个项目总是被称为"修复"，这个词语带有显著的目的性：城市失去了这条河川的想法是叙事的关键。2003 年，在拆除之前，一场市民们沿着这条已封闭的高速公路的徒步行动，象征着他们从汽车那里重新收回自己的土地。

该项目由一个工程公司的团队所设计和建造，由江河整体景观公司牵头，在 2003 年 6 月至 2005 年 9 月完成，全长 5.8 公里。值得注意的是，挖掘中发现了 1410 年的光通桥等朝鲜时代的文物。这成了修复叙事中的一个关键元素，把修复项目作为国家复兴的一种形式紧紧地嵌入了公众的想象中。这座桥的遗存被视作纪念物，赋予了文物的重要性，并引起了一场全国性的争论，是应该用找回的石头重建它，还是应该把它们放进博物馆。人们最终决定直接用这些石头进行重建，用复制品来代替缺失的石头。

　　在建筑和城市设计的话语中，对"自然"之类的术语不加批判的使用比比皆是，特别是当一个项目的优点被放大到了一种压倒性的正面形象的时候。清溪川一直被认为是自然的，围绕公园栽种的策略是有意远离优美的、精心护理的传统景观设计，这更类似于纽约的高线公园项目。然而，在河流的恢复重建中还是有很多有意为之的巧计。所栽种的植物不仅要仔细挑选，以本地品种为代表来模拟自然，而且还必须由一个园丁团队来管理和照料（图4.9）。这吸引了大量的昆虫和鸟类栖息于这片河流中，但水流更多的是留给漂亮的锦鲤的。对于公园自然状态的担忧更多的是水本身。清溪川顶盖的去除显露出了水流的孱弱。其解决方法是利用工程：汉江的水经过处理和净化后，被水泵抽到上游。然而，这条川流的地形仍然会引发山洪——一个警报系统被安置在川流的河壁上，它带有警报器、公告牌和闪光灯，这意味着在强降雨期间，公园里的人会被疏散——这在首尔是比较常见的情况。

　　（清溪川）设计本身是谦逊和保守的，经过仔细考虑和管理。要特别注意的是地面，那里的材料代表了方案的不同阶段——从西方最正式的设计语言到有意过度种植的不太确定的东方特征。水里铺设了踏脚石，用于在公园水平面上跨越，线性的水流被水体本身的变化进一

图4.9　作者拍摄的园丁队伍在清溪川工作的场景

步区分出不同阶段——快速流动的瀑布和更深的、表面像玻璃般的平静水流。

为了纪念那条高速公路，人们在清溪川东段作出了一个大胆的设计决策，三个钢筋混凝土桥墩被故意以废墟的方式留存。这是最接近剩余高速公路结构的地方，还有废弃的坡道连接——清溪路（图 4.10），1960 年代的高速公路，当初在这里与公路网相连。因此，这个遗址所纪念的不限于古代和神话化的近代历史，还包括拆除 5 公里基础设施的激进的城市规划决议。

新首尔市政厅的设计（图 4.11）是一个探讨权力和建筑之间关系以及潜在争议性纪念物留用的十分有用的案例。作为权威的体现，市政厅或议会大楼通常表现出政府希望被理解成什么形象。正是因为这样，在日本侵占时期建造的旧市政厅（明显类似欧洲殖民建筑风格）所在的路口处，尤·克尔（Yoo Kerl）和艾阿克建筑事务所（iArc Architects）精心设计的具有科幻美学的新建筑，尤为引人注目。建筑的二元性，旧与新以及对具有争议性的历史结构的讨论都强化了建筑的意义和联结的重要性：殖民政府是一个在政治上有威慑力的场所，而拆除它则是对历史的否认。通过将原有建筑改造成公共图书馆，它成了工艺卓越并面向未来的地标性建筑，由此传达出明确的政治主张。

图 4.10　作者拍摄的清溪川东段，保留了高速公路的桥墩

图 4.11　作者拍摄的首尔市政厅，前景是日本殖民时期的旧市政厅（现为中央图书馆）

通过这座建筑，我们可以探讨通过新的图景来实现殖民建筑的更新和最终的去殖民化，这座新建筑表现出了一座日益将自己定义为全球技术中心的城市的活力。这样一座建筑是权力的表现，充满着象征意义。新首尔市政厅和旧市政厅有着清晰、明确的关系。被部分拆除的旧市政厅与新市政厅相毗邻，由日本殖民政府在 1910—1945 年占领期间所建造。

日本帝国风格的建筑代表了明治维新时期对西方建筑风格的追随；对欧洲的开放激励了日本建筑师使用类似的技术和形式来建造房屋，由此产生了欧洲殖民建筑经常输出的古典主义风格的变体。这座建筑作为公共图书馆向公众开放，容纳了房屋档案和专门用于保留城市历史的房间。许多房间被保留下来，作为颠覆权威和权力的清晰声明：会议室向公众开放，会议桌被具有动画和信息图表的桌面风格展品所替代，这些展品向游客展示了城市经历的人口变化。市长办公室也是开放的，包括办公桌和电话都为游客提供了拍照机会。

　　不过，占据主导地位的是新建筑。外立面的板材结构被刻画成一个逼近旧结构的巨大玻璃曲面。其效果在美学上像科幻小说一样具有英雄气概。同时，这座建筑也是亲民的：在一层向公众开放大型公共展览空间，由郁郁葱葱的攀爬到屋顶的绿植墙壁所构成。该建筑的象征意义很明显，艾阿克建筑事务所在2008年获得委员会许可时和在2012年建筑开放时的宣言，将其定义为是面向未来的，相伴随的开放性与透明性被阐释为政治雄心，而新建筑相对于旧建筑的压倒性地位释放出一个明确的信息：这是一个怀有殖民历史自觉的自信城市，它勇敢地展望未来的成功。

　　新旧建筑共同坐落在一个大型公共广场上，这在首尔是很少见的。政府机构和世宗路的存在让这里成为多年来政治抗议的集合点，在某种程度上，这里几乎一直部署着配有警棍、盾牌的防暴警察，还有配备水炮的准军事车辆和警用涂装的厢车。集会示威通常是和平的，但却是持久的，因此，时间越长，局势就越紧张。抗议通常与工会和劳资关系、贸易协议和与美国的军事关系相关，最近的一次是在2017年，50万～150万人的大规模示威和反示威活动在广场外蔓延，要求弹劾总统朴槿惠。这个地方既是象征性的也是实用性的：公共民主的焦点是城市广场和市政厅，这里的抗议能吸引更多的关注，也能得到更加严肃认真的对待。

　　首尔市政厅有一种纪念碑性（monumentality），旧的和新的都有，这种建筑功能在当代争论中常常被忽视。当然，这个概念在阿尔多·罗西（Aldo Rossi）那里得到了复兴，他的著作《城市建筑学》（Architecture of the City）发展出了将纪念碑性视为推动性或病态性的理论（1982：59）。彼得·埃森曼（Peter Eisenman）在引言中总结了这一点：

　　　　罗西认为，当一个纪念碑阻碍了城市化的进程时，它就是"病态的"。格拉纳达的阿尔罕布拉宫就是城市的一部分以博物馆藏品的方式运行的例子。在这座骨骼一般的城市中，这样一件博物馆藏品就像是一具防腐处理过的尸体：它只能给人一种还活着的表象。（Peter Eisenman，1982：6）

　　按照这一思路，首尔旧市政厅从一个阻止城市进步的病态性纪念碑转变成了推动城市进步的纪念碑，而建筑竞赛的目的就是孕育一个具有前瞻性的建筑，它会冒着成为另一个病态纪念碑的风险迅速固化。广场和建筑与公共空间的关系阻止了这种情况的发生。当然，也有人企图将它私有化：通常伪装在特殊事件和娱乐活动下，例如冬季的大型溜冰场。这种看似无害的介入之前的公共空间的做法，有着将空间永久私有化的风险，因为日程上满是活动，既能带来收入，又能把抗议的尴尬场面转移到其他场所。

　　这些例子，包括扎哈·哈迪德建筑师事务所（Zaha Hadid Architects）新近被委托建造的（或有问题的）东大门设计广场等，都是将首尔打造为"世界城市"这一长期计划的组成部分。该过程中的一部分是通过对旧地标的修复重建来展示韩国文化以及对任何潜在的病态纪念碑的前瞻性遏制。

收藏的都市化

　　韩国城市的快速发展造成了大量传统院落住宅群的消失，尤其是因为它们对土地的低效利用，无法容纳山区城市中日益增长的人口。"传统"住宅的象征意义是至关重要的，筛选那些被视为韩屋的象征性标志的细节——对着街道的无窗墙壁、坚实的瓦片屋顶（图4.12）、面向庭院、复杂的地暖等全都被保留了下来。建筑材料被设计成砖瓦的外观，但这其实都是矫揉造作的——装饰特征被运用于精心浇筑的混凝土墙壁。现代生活也需要更多的空间，因此，韩屋变得更大，尽管仍然是单层的，但实际上充分利用了地形以容纳车库和其他房屋功能的扩展。新韩屋所建立的规则（图4.13）前所未有地允许将这些创新与现代材料的使用在不可见的地方相结合：混凝土结构可用于地下室甚至墙壁，只要它们在外部以适当的模仿样式加以装饰。

在本章，对建筑收藏的理解有两个关键指向：第一，它和殖民主义有直接联系，甚至在某种程度上试图重建平衡，它与因挑战西方主导地位而涌现出的理论体系相关，包括学术上的和更广泛的地缘政治上的。第二，收藏是一种组织和带给世界秩序的方法——这种组织形式可能会产生不真实和不和谐的结果，因为它把事物从它们的语境中抽了出来。人类学作为一门学科，其核心就是语境，是一种极致的语境化，直接与现代主义的白板趋向相反。在白板趋向中，从一片新领域展开的欲望会消除依附于一个地方的社会结构和文化记忆中的某些重要内容。虽然收藏和文化展示有助于交流和理解，但也充满着令人不安的隐患，这意味着必须小心谨慎，才能让"共鸣"和"惊奇"的品质在不伤害需要身份认同的人的情况下发挥作用，确保他们的声音被听到，不会产生误解和假设。

当然，并非所有的收藏都是跨文化的，正如我们在露天博物馆和院落住宅类型的案例中看到的那样。当然，这些试图重现历史的尝试同样是难以管理的。这些活动的潜在意图可能是有问题的，要么是把一个活着的传统冻结在某一时间点，要么就是构建一个虚假的叙事，用来支持一个当时看来可能是必要的或积极的提案。随着时间的流逝，这些意图越来越明显，就像驱动收藏的手段一样：这意味着不论叙事多么有用，它都会让人产生怀疑，因为它是一种为服务于目的而构建的虚幻，而非为人们的生活提供语境的历史事实。

图 4.12　作者拍摄的韩屋住宅区域的屋顶线条

图 4.13　作者拍摄的现代韩屋

注　释

1. 关于这一点的更多信息，参见 Baudrillard（1994）和 Lucas（2014），特别是关于用速写本速记的内容。

2. 参见 Greenblatt（1991）对共鸣和惊奇主题的完整研究。

3. 建筑师在面对基于人类学的作品时经常会问的一个问题是人类学家在这一背景下的状况：他们不仅仅是游客或后殖民主义冒险家吗？如果那些在日常生活中真正参与或使用这些事件和对象的人或许可以更快地解读它们，那么一个外人试图去理解它们的价值何在？当然，人类学有许多种形式，但研究的一个方面是将自己定位为一个好奇的局外人，提出天真的问题，以解开正在发生的事情的更深层的细节。

4. 当然，对巴布亚新几内亚马兰甘的研究并不局限于库奇勒的研究——广泛的人类学方法已经被应用于该地区和这些人工制品。其他人也讨论过马兰甘，以寻求不同的理论议题。玛丽莲·斯特拉斯恩（2001）将这些雕塑作为观察西方知识产权辩论的透镜，而宫崎广和（2010）将其发展为对人们熟悉的礼物和交换主题的讨论。珍妮特·霍斯金斯进一步使用马兰甘来发展能动性和传记的主题，借鉴了阿尔弗雷德·盖尔的早期作品。

5. 参见 Hwangbo（2010）和 Hwangbo & Jarzombek（2011），了解更多有关这些过程的信息。

6. 我已经讨论过博物馆研究，收藏的概念以及作为一种博物馆的建筑师草图本。LUCAS R. The sketchbook as collection: a phenomenology of sketching [M]// BARTRAM A, El-BIZRI N, GITTENS D. Recto-Verso: Redefining the Sketchbook. Farnham: Ashgate,2014. 本章详细讨论了索恩博物馆（Soane Museum）、都柏林的弗朗西斯·培根工作室（Francis Bacon Studio），并通过鲍德里亚、格林布拉特和埃尔斯纳（Elsner）的作品，将我在大英博物馆的速写实践放了相关语境中。

7. "东方"和"西方"的范围都太过广泛，不能作为真正有用的分类，因为每个地区都存在巨大的多样性。当代理论讨论的是"全球北方"和"全球南方"：北半球财富集中的指标被认为是更有用的，如果类别同样宽泛的话。

8. 事实上，日本是一个值得注意的例外，因为从 1630 年代到 1853 年，日本一直处于近乎孤立的状态，直到美国"黑船"迫使日本开放市场。

9. 显然，在赛义德的理论框架内，对当代建筑实践有着更广泛的批判：从西方到东方的建筑专业知识的输出，例如斯坦内克 Stanek（2012）所详述的，非西方作品的异国化是对其背景的误解，是当代基于竞赛的大型项目委托所鼓励的极端去语境化。

10. 斯科特·卢卡斯 Scott Lukas（2012）以美国为中心，讲述了主题公园的社会学历史。

11. 这里最极端的例子是民族志集合。可以认为在这些博物馆中，除了在没有其明确许可或投入的情况下将一群人进行展示的道德和伦理考虑之外，过时的展示做法提供了与潜在的误解一样多的理解。

12. 参见 Rossi（1982）了解更多关于"病态性的"和"推动性的"纪念碑之间的区别。

13. 参见 Lebbeus Woods（1996，1997），了解更多他关于伤疤组织的策略和在被战争破坏的建筑中其他形式的"激进重建"，特别是在南斯拉夫。

65

14. 日本的时代是按照天皇的统治期来确定的。裕仁天皇的昭和时代是 1926—1989 年，这个时代的名字经常被用作"二战"前日本建筑的缩写，当时欧洲的建筑技术与日本的细节设计相结合，是批判性地域主义的早期例子。

15. 参见 Hwangbo（2010）了解更多关于韩国韩屋住宅的保护策略。

16. KIM, D B, &LEE J S. Hanok, Korean traditional architecture: 2011–2016 national hanok competition [M]. Seoul: Architecture & Urban Research Institute & Kim Dae Ik, 2016.

17. CHO B. Imperfection and emptiness [J]. Architectural Review 1448, 2018: 44–50.

18. 关于这一点，参见 Hwangbo & Jarzombek（2011）。

5 市场和交换场所

引言

本章将通过许多理论视角来讨论市场。正如人们所预期的那样，交换理论在这里发挥了重要作用，因为这些理论揭示了人们如何进行材料、商品和服务贸易的细节。人类学对交换的论述探索了资本主义主导的经济模式以外的思想，发现存在着货币等值以外的贸易方式。这一理论的基础是马塞尔·莫斯（Marcel Mauss）颇具影响力的研究——《礼物》。虽然人们通常认为礼物是一种慷慨的行为，但莫斯观察到，礼物往往伴随着义务和互惠。在某种程度上，通过接受礼物，你进入到了一种社会关系中，在这种关系中，你要做到同等的付出，而如果一个人拒绝了礼物，那将带来一种社会关系正遭到拒绝的感知：这是一种严重的侮辱。

这种交换是哈特（Hart）和汉恩（Hann）所倡导的经济人类学这一分支学科的焦点。这里也探讨了一种更普遍的实践理论，它更容易被运用在各种类型学的讨论中。在经济交换中，围绕交易的实践是显而易见且基于规则的，这使它们成为实践讨论的一个很好的例子。实践理论聚焦于我们所做的事情和方式，研究了如何通过我们所使用的技能去认识世界以及这一系列技能如何组成一个被称为"惯习"（habitus）的具象生活世界。对于一个老练的谈判家来说，这个世界充斥着机遇、边界和协商：他们所熟悉的事务影响着他们理解世界的方式。拥有其他技能的群体持有不同的理解，例如市场搬运工和快递员，他们或对一个市场了如指掌，或熟知市场与零售业之间最有效的路径。对于这些个体来说，市场是一个在不同尺度上被理解的空间结构。

这些完全围绕交易实践所设计的空间就是市场。这些场所可以被视作市场交互规则的完美形象，它们描述了支配位置、范围、邻里、竞争和信任的隐性和显性规则。两个例子将被讨论：于 2018 年停业的东京筑地海鲜市场（Tsukiji Seafood Market）以及首尔南大门（Namdaemun）综合市场，它一边紧邻商业零售区，另一边紧邻商务区，第三条边界是一道城市的古老的大门。

交换理论

交换是一套重要的理论，它根据各种经济模型，诸如物物交换和货币交换，对我们如何进行货物贸易产生影响。本章将重点放在市场这一类型上，将其描述为以实践属性为特征的建筑。实践理论构成了一个相对较新的理论**转向**，大量的作者关注某一特定理论或方法，以探索它具有怎样的启示性，产生对熟知问题的新鲜理解。尽管这似乎是一种学术时尚，但为了重新评估某一问题的古老假设、表达出对某一主题有用的东西，建立起一个协调一致的工作体系是大有裨益的。

转向实践不是一种新现象，它部分源于维特根斯坦（Wittgenstein）所采取的立场以及一些受民族志启发的著作，包括皮埃尔·布尔迪厄、安东尼·吉登斯（Anthony Giddens）、简·弗朗索瓦·利奥塔（Jean François Lyotard）和米歇尔·福柯（Michel Foucault）的作品。每个人都以各种各样的方式来表述这个主题，而《当代理论的实践转向》（*The Practice Turn in Contemporary Theory*）的编者沙兹基、塞蒂娜·克诺尔·克诺·克诺和冯·萨维尼（Schatzki, Knorr Cetina & von Savigny, 2001：2）把观念与一系列活动联系了起来。这就允许了不同观点的产生，例如是什么构成了活动，还有关于非人类行动者是否可以被理解为参与活动、具有实践的思考。实践理论强调了在知识生产和理解过程中，行为与技能之间的相互依赖性。实践被视为将技能加以运用的行为。这意味着身体参与了这个行为，使理论家们回归到身体性和具身性中。这为人体本身在技能及其现实应用之间设置了一种门槛，构成了一种**惯习**，它不仅仅是相关实践的集合，而且是通过实践获得的对生活世界的理解。

有一些理论能够帮助我们理解交换，如：米歇尔·德·塞托（Michel de Certeau）和皮埃尔·布尔迪厄在实践和惯习上的开创性研究；马塞尔·莫斯的基础研究中，将礼物作为经济活动的一种原型，并引入了互惠和义务的概念。阿扬·阿帕杜雷关于物质文化的基础研究中，将焦点从交换拉回到交易的中心——商品。阿帕杜雷探索了拥有职业的物品可能产生的影响，它们依据其广泛的政治、社会和经济语境，从一个职业类别转向另一个职业类别。在阿尔弗雷德·盖尔（Alfred Gell）关于市场的著作中，他对市场的重叠结构进行了图解和映射，进一步研究了市场的地位。这就为西奥多·贝斯特（Theodore Bestor）的研究设定了场景，他在东京筑地海鲜市场迁往丰洲（Toyosu）的新场地之前进行了详细的考察。

这一章以一种市场类型学的宣言结束，借取了雷姆·库哈斯（Rem Koolhaas）在《癫狂的纽约》（1994）中著名的**曼哈顿追溯宣言**的一些精神。市场是一个重要的建筑场所，它为建筑中的一种激进的流动性和时间性提供了经验教训。这是一种充满相互关联之惯习的建筑：诸多实践的集合让市场的搬运工能够以不同于卖家或买家的方式来理解场所。实践理论让我们能够理解，我们每个人是如何通过与世界已有的熟练接触来架构这种接触本身的。

深入了解经济人类学和礼物经济的这些基本原理，对于详细了解我们的交易场所至关重要，个体商业单位、百货商店、超市或市场建筑的设计也会受其影响。每种场所的设计有自己的需求和要求，但对这些需求和要求的详细评估是基于互惠和信任、实践和惯习，在交易中评估货物的具身性知识。作为一门分支学科，经济人类学致力于理解交换的基本原则。它有自己的历史——和人类学一样长久的关注点——而且在一定程度上是建立在一种理念上的，即为工业化世界中所运用的主导模式寻找更公正的替代方案。当代经济人类学响应了卡尔·波利亚尼（Karl Polyani）的实体主义研究，而形式主义古典经济学却没有，并且人类学家基斯·哈特和克里斯·汉恩也并未作出阐释（2011：55）。形式主义方法优先考量交易的基础类别和要素，如传统经济学中发现的稀缺性、效用和利润，并通过民族志中报告的案例追溯它们的存在。实体主义方法则是依据民族志和其中包含的经验数据来工作。实体主义人类学将经济活动概念化为一种社会生产系统，而不是产生各种方法的潜在法律或规则。波利亚尼强调了前工业化经济和其互惠基础之间的历史划分，描述了工业社会中的抽象"市场"如何运作以及如何使经济从其背景中去地化或脱嵌。哈特和汉恩的方法涉及在一门通常更关注小规模和具体问题的学科中重返全球体系和民族国家的宏观经济学。货币不是作为商品来讨论的，而是作为一种**购买力**（2011：60），是一个代表着你的权力的象征，这与形式主义将货币视为物物交换系统——一种假定的智力发展的逻辑结论——的一种技术发展这一观点大相径庭。如土地和劳动力（2011：71）等其他方面被表示为"虚拟商品"，与构成真实商品的食品或建筑材料形成鲜明对比。

实践作为交换

米歇尔·德·塞托的作品里的某些关键元素，对于建筑来说是饶有趣味的，包括**城市漫步**（1984：91–110）和**空间故事**（1984：115–130）。在他的作品中，讨论了我们如何在城市中行走，如何融入城市以及如何从一个地方走到另一个地方的理论含义。他建立了一套理论，不仅是关于我们如何理解空间，还包括如何调动**某种**技能，某套理解方式，并将其付诸**实践**。这是一套广义的实践理论，不像理解建筑专业实践（或任何其他类似的具体专业）那么具体。

德·塞托对我们在城市中参与的空间实践是饶有兴致的。人们根据自身的情况来参与不同的空间实践，每个城市都呈现出一套依据人口、类型、形态、地形和气候所决定的情况。这就产生了包括密度在内的次要条件，即高人口密度和有限地形之间的相互作用使得城市高楼林立，更多的人居住在更少的土地上。这种情况创造了一系列条件，并决定了在那里生活和工作所需要的实践。

乡村或荒野环境从根本上改变了我们与空间的接触方式。我们理解空间的基础发生了变化，正如这个空间中可能的社会生活的基本特征也在变化。尽管一张地图可能会使农村与城镇、村庄和城市产生连贯性，但这与其说是消除差异，不如说是从根本上改变了我们理解乡村的基础。理解乡村的根源在于空间的开放性、与自然力量的更多接触、周遭的生活以及更多的问题。城市规划学家和植物学家帕特里克·格迪斯（Patrick Geddes）的"山谷剖面"图（图 5.1）是一张与地图相对照的有用图表，它描绘了不同的实践活动以及它们与景观产生联系的方式：从山上的矿工开始，经由森林里的樵夫和猎人，再到牧羊人和农民，最后到山谷下游的中心集镇。整个剖面图以码头边的捕鱼活动作为结尾。¹

当然，理解农村的方式并不单一。例如农民对农村环境的看法与游客或是乡间漫步者完全不同。农民看到的是他们自己管理和负责的景观，他们了解季节、寒冬的严酷和土地生产力；

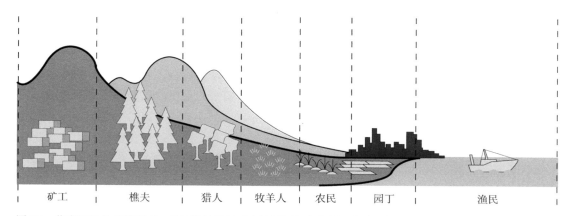

矿工　　樵夫　　猎人　　牧羊人　　农民　　园丁　　渔民

图 5.1　作者重绘的帕特里克·格迪斯的画作《山谷平面与山谷剖面的联系》

而游客和漫步者可能有着相似的认知，也可能有一些重叠的兴趣，他们将乡村视为一种**风景**、一些遥远和未受破坏的东西[2]——作为一种需要**保存**的、赏心悦目的东西在远处被欣赏。

人们存在于城市中的理由决定了这个城市是否受制于不同的**空间实践**。这些空间实践指的是人们接触环境的具体方式，而不仅仅是不同的感知方式，每一种惯习都通过主体的行为构成了迥然不同的理解城市的方式。德·塞托认为："每个故事都是一个旅行故事——一种空间实践。"（1984：115）他认为，当我们把自己的日常活动传递给其他人时，我们会把它们组织成叙事结构，构成以日为单位的形式，并在回顾时将我们的感知组织起来。

我们可以了解，寻路和导航之间有着直接的关系[3]，但理解的关键也是最显而易见的——实践就是我们做的事和做事的方式。夜班保安的空间实践不同于一般通勤者（我是根据学生时代的一些经历说这番话的）。在不同的时间睡觉、在不同的时间旅行并以不同的方式居住在城市中的人，他们对于城市的理解和**行为**方式全然不同。德·塞托将地理学表述为多元的，这对于理解空间实践是一个很好的方式——将空间实践作为一种过程中的**地理**，一种正在建设中的地理。

简而言之，乘坐公共汽车或地铁是一种不同于在城市中行走的实践方式。每个人都有对空间的独特理解，一种互动的方式，一种从一个地方到另一个地方的方式。

与我们通常使用的语言稍有不同，德·塞托言及"空间作为一种实践场所"（1984：117）。通常，在建筑中，我们会以一种过度几何化的观点把**场所**[4]作为被实践、被体验和被生活的空间。根据我们自己的习惯来重述此观点，会让"场所是一种被实践的空间"的想法更有意义。德·塞托延续了这种方式，从现象学家莫里斯·梅洛·庞蒂（Maurice Merleau Ponty）的作品中发展了一个例子：**几何空间**和**人类学空间**之间的区别。这种空间的多样性在建筑上很有趣：我们的体验、记忆、梦想和抱负以及更多现实的因素，诸如阶级、职业、性别认同等，都会对我们所体验的**空间**产生影响。

不考虑其他视角的可能性而去几何化地理解空间，限制了理解经验性空间和社会生产空间的范围。德·塞托批判了这种几何化的理解，认为这是主导性的、形式化的与笛卡儿式的空间解读中存在的"单意性"（univocity），他认为这种理解过于局限，而事实上总是多重因素在共同起作用。

"空间是存在性的，存在是空间性的。"这一概念是德·塞托的建筑适用性的核心。如果空间性被提升为存在主义，那么我们完全可以将它视为通过**空间实践**表达的一种**存在**模式，这些实践往往以"惯习"的方式成组进行。存在的概念，是我们理解更广阔的环境、背景和场所的重要性的根本。我们所处的位置和我们在那里的行为，与我们真正的核心——我们的存在交织在一起。

对于德·塞托来说，空间是由运动构成的，具有可移动的特征；而梅洛·庞蒂所描述的**几何**空间是静止和固定的。德·塞托的观点被解读为对笛卡儿几何学、坐标系和形式图形的批判与攻击：所有提到的东西都是建筑师经常使用的。然而，批评的目的是以这种方式摆脱对空间的**单一化**的理解。对于空间的纯粹几何理解往往被视为固有的科学事实，而这只是理解我们的生活环境的众多方式中的一种。建筑师可以在合适的地方继续使用这种共识性的理解，但还需要注意其他共存的空间，也可以为设计过程提供同样多的助益。

在德·塞托看来，空间是由方向、速度和时间框架所构成的。空间还是由我们在空间内所从事的实践所构成的。环境不仅仅是我们协商的抽象形式，更是由我们与它的社会性互动所共同产生的——根据德·塞托的说法，空间是一系列实践的结或束——采矿或其他材料收集的**实践**、制造的**实践**、分配的**实践**、使用的**实践**以及处理的**实践**。即使一个对象处于静止状态，它也只是作为实践的结果而存在。如后文所示，市场是建筑作为实践的一个全面的案例，通过非正式的安排和反复的设计，使供应商得到经济利益的最大化。

惯习与实践的时间性

皮埃尔·布尔迪厄在其 1980 年出版的著作《实践的逻辑》（*The Logic of Practice*）中详细讨论了这一系列实践。他的作品是对德·塞托观点的补充，除此之外，还试图找到一种潜在的结构去描述实践。布尔迪厄认为那就是**惯习**（habitus），也即：

持久耐用的、可转化配置的系统，易于将已结构化的结构作为正在结构化的结构来使用，也就是说，作为产生和组织实践和表现的原则。这些实践和表现可以客观地适应其结果，而无须预先假定一个目标，或为了准确实现目标而采取确定性的行动。客观上"规范化的"和"规则的"并不是服从规则的产物，相反，它们虽然可以被公众集体策划编排，却不是某一个指挥家组织行动的产物。（布迪厄，1990［1980］：53）

因此，惯习可以被理解为一种元实践、一种针对一系列活动的组织原则。正如布尔迪厄称其为"结构化的结构"那样，这种组织原则可将实践从一种情况**转换**到另一种情况。而这种可转移性是使一个领域的活动适用于另一个领域的方法的核心。在第 4 章中参考的人类学家苏珊·库奇勒所讨论的巴布亚新几内亚的马兰甘案例，便透露出这一组织原则。某些马兰甘会在木雕表面上描绘出打结和褶皱，这样的描绘具有一定程度的写实性，显示出了雕刻家自己的打结经验。打结的**惯习**既适用于绳子本来的捆绑功能，也适用于木雕的雕刻形象。结，不仅是一种装饰，也是一种**实践和理解**的形式，可以从一种情况转移到另一种情况中。惯习使实践理论复杂化，这些理论最初可能是用习焉不察的日常用语来表达，以至于毫无用处。然而，事实上却恰恰相反，因为实践对于我们的存在是如此的根本和基础，它形成了一个基本的理论，告诉我们如何伴随着时间的推移在这个世界上行动。惯习的核心是对环境和实践的理解，能够影响另一种实践的方式，这些方式也是我们多元**生活方式**的一部分，因此可以将其视为人类学学科的核心要义。

布尔迪厄注意到，惯习和实践方式**不是**一个驯服的过程。它们不是社会规则，而是我们被濡化形成的行为方式。这是另一个重要的区别，因为还有其他描述人为强加的社会规范和约束的术语，例如宗教信仰、资本主义经济压力或是其他的大型社会结构。惯习是一系列定义日常生活的无意识行为：让我们得以驾驭广泛的社会组织的习得行为。这将实践带入了集体领域，而实践则是我们可能无法完全控制的行为。实践可以强化规范性期望，并通过微妙的影响而不是明确的法律和约束来控制我们的行为（Bourdieu，1990［1980］：54）。

因此，惯习具有历史性。相比明确的社会约束和法律，它能以更有力的方式去执行一系列的实践。布尔迪厄提出的"性格"一词是理解这一点的关键：惯习是一套存在、移动和与世界互动的态度和方式。惯习是隐性的而非显性的；在惯习整体结构的框架中，我们通过重现过去的实践来巩固过去。当布尔迪厄讨论属于仪式类别的惯习和实践的例子时，他将这些活动与经济交易和礼物馈赠进行了对比。它们的区别表现在实践的时间性上。在布尔迪厄的观点中，仪式可以被理解为具有时间属性，其作为永恒的礼物呈现在人们的日常生活之外，而在日常生活和非象征性的交换实践中花费的时间还具有另一种性质。

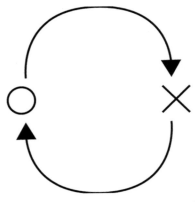

交换实践可以指经济交换、基于性别的交换（如婚姻），也可以指礼物交换和其他基于身份的交换。礼物是人类学中理论化程度最高的交换方式之一，它被视为一个基本类别，从中我们能学到很多其他的交换方式（图5.2）。

图5.2　循环赠礼和反馈义务的示意图

区分可以说取决于实践的可逆性和不可逆性。交换是周期循环性的，即从一个阶段到另一个阶段，最终回到起点。然而，如果将这一问题化约为一种简单的反应，就会强化送礼实践中的义务性质。将礼物还给送礼者的影响是深远的，包含了冒犯的因素和不被接受的因素。如果以错误的表达方式送还或拒绝了礼物，那么友谊或其他关系将很难维持下去。[5]

布尔迪厄将这一行为描述为集体否定客观现实的行为。赠送礼物是为了联系，是一种形成或加强个人与群体间社会联系的方式。当我们送礼时，我们接受了这个替代性的现实，假装礼物交换是一种无私的行为，除了表达爱、友谊或团结之外，没有任何动机。但在下一节中我们将看到，这是一种社会虚构，礼物的赠送意味着我们处在一系列的互惠交换中，礼物往往伴随着一种义务，即在之后的某个时刻以同样的方式向对方作出回应。当然，这听起来非常愤世嫉俗，但质疑和理解我们构建社会身份的过程，正是社会理论家们的职责。

建筑师所拥有的技能集合构成了一种惯习，这个集合建构了我们与周围世界的接触方式。建筑师通过训练感知能力，可依据基础规划、物质性和历史背景来理解建筑案例。包括绘画在内的其他技能，是另一种观察实践，即使我们不是真的在绘画，也能透过这种方式来理解世界。通过平面图和剖面图等常规概念来安排空间，可以赋予我们组织和安排感知力的方式。

互惠，义务和礼物

马塞尔·莫斯的经典著作《礼物》（*The Gift*, 2002［1954］）是人类学中最著名也是最具争议的作品之一。他将赠送礼物的模式作为探索更广泛的经济交换的方式，发现礼物具有一种基本的社会功能，它能加强人与人之间的联系，能够产生互惠和义务的纽带。

互惠是莫斯讨论的最重要的概念之一，他描述了赠送礼物这种行为，送礼的人会期望在未来某个时候得到回报。因此，尽管赠送礼物是利他行为，但其中也包含着一种义务，即期待受赠者在未来某一时刻会给予回报。

当然，互惠也存在于其他形式的交换中。更直接的货币和经济交易往往伴随着规则和相关交易的代币（货币），但赠送礼物中的利他主义和义务尤为有趣。莫斯认为，在礼物交换中，一份没有回报的礼物会损害个人的信誉（Mauss, 2002［1954］：83）。

根据莫斯的说法，交易是一种将人们置于平等地位的方式。在《慷慨法则》（*Rules of Generosity*）一书中，莫斯引用了安达曼群岛的案例：在安达曼群岛，礼物是结婚仪式的一部分。交换礼物能确保参加婚礼的家庭是对等的，也就是说，从婚礼开始，相互赠送礼物就代替了直接沟通（2002［1954］：25）。一种实践代替另一种实践的能力显示了行为的互换性，一种象征性的机制由此显现。

我们可以看到，这些人类学研究的案例揭示了礼物交换的复杂性。与其将这种交换视为一个极端或异域的案例，还不如将其视为人类关系中可能存在的多样性的一个例子，即使这类关系里有相互熟悉的因素和参数作用。赠送礼物的文化范围很广泛，但在不同的情况下，赠送礼物的方式也是不尽相同的。人类学凭借这些有趣的例子，阐明了像送礼这样简单的实践也存在着多样性[6]。很显然，任何地区都有着不同的送礼文化，这种差异取决于种族、宗教、社会阶层甚至是地理位置等因素的影响。

莫斯发现，在太平洋西北部的各土著社会中（在美拉尼西亚也以不同形式出现）发现的"波特拉奇"（potlatch，源自奇努克语 potshatl）传统，是最具启发性和最纯粹的礼物交换形式之一。典型的波特拉奇传统包括为另一氏族举行的盛大宴会：庆典的主人挥霍般地招待他们的客人，以此来体现地位。这样一笔炫耀性的财富支出，表明你有盈余的钱财来庆祝。莫斯采用了"波特拉奇"这个术语，无视其本意，广泛运用于类似**形式**或**类型**的交换，并将礼物经济表达为一种超越物质对象的边界延伸。[7]

这就发展出了一个**整体服务系统**的概念。[8]莫斯认为，在人类社会中，不存在物物交换这种自然状态，所有这些行为都是社会特有的，是由社会建构出来的。波特拉奇是指家庭或氏族的聚会，其中会有大量的商品、服务、荣誉和仪式的展示。波特拉奇的功能之一就是重新分配社会群体中人们的地位。重要的是，波特拉奇还能授予狩猎权，代表个人为自己的生计而使用土地的权利。这些商品和服务的出现实际上是为了表示对客人的敬意而**赠送**和操办的。不论是一场盛宴、一份礼物还是一场表演，互惠法则都**要求**客人在未来必须努力做到平等。这可能会失控，有时还会导致暴力冲突，但重要的是，这些暴力冲突**不会被排除在交易之外，完全是交易的一部分**。

波特拉奇最极端的表现形式之一，是主人为了向另一氏族表示敬意而破坏物品，甚至可能杀害首领和贵族（2002［1954］：8）。这种极端竞争，成为1884年加拿大将波特拉奇认定为非法行为的正当理由之一（这条法律在1951年才被废除），不过这种对土著文化的压制有一个更大的意图，即把社区纳入由欧洲定居者建立的社会规范中。

在对美拉尼西亚式的波特拉奇交换的分析中，莫斯指出了不完全或不恰当互惠的风险：参与者会以社会资本和威望的形式失去地位［也就是所谓的"法力"（mana）］。[9]很显然，用波特拉奇来标记重要的生活事件和贸易节日是生活的一部分，它构建了时间和体验，这些都是必须做好准备的事情。一旦一个人通过波特拉奇赢得了社会资本，就会伴随着失去这种社会资本的风险，因此，必须通过赠送商品和服务使之维持。

将送礼活动与前述讨论的**实践**观点联系起来是重要的。莫斯的作品早于前面所讨论的实践理论，但实践理论详尽阐述了礼物理论。赠送礼物的实践是多种多样的，是一种暂时性的实践，在这种实践中，行进的方向不能颠倒，而是被置于一个自我永续的重复循环中。送礼活动需要大众的共同关注，它们必须作为庆祝仪式被继续**遵守**，否则这种实践就会消逝。[10]

我们相当一部分的道德和生活本身仍然弥漫着与礼物相似的气息，此中的义务和自由交

织混合在一起。幸运的是，一切仍未完全按照买卖来归类。假设仅仅存在这种价值，那么事物就仍然具备感性情感和贿赂价值。我们所拥有的不仅仅是商人的道德。现在仍有一些人和阶级在遵守从前的道德，至少在一年中的某些时刻或某些场合，我们几乎都会遵守那样的道德。（Mauss，2002［1954］：83）

莫斯指出，礼物中有一个至关重要的因素，那就是奢侈，但这经常受到批判或质疑（2002［1954］：88）。对可能会让别人尴尬的事情表现出慷慨，反而会产生贬低对方的效果，或者至少会令对方在接受高价值或高成就的东西时感到难堪，并会担心他们是否有能力回报这种慷慨。这也表现出了接受者的自我膨胀，因为他们可以通过一种内在的辩护，在被这些行为所确认和证实的优越感中培养一种信念，在这个过程中，受赠人认为他们对送礼者提供了一些模糊的、未被定义的服务，这使得他们值得这样的付出。

在《艺术、人类学和礼物》（*Art, Anthropology and the Gift*）一书中，罗杰·桑西（Roger Sansi）探讨了莫斯和后来的人类学家的作品里关于礼物的一些含义。"一个人在给予别人的时候也是在给予自己"（Mauss，2002：227），这个观点不仅在艺术的语境中（Sansi，2015：11），在建筑的语境中也是十分有趣的。考虑到设计过程中的个人投资，具有公共意识的建筑师可能会认为他们的工作至少在一定程度上是礼物。这就导致了玛丽莲·斯特拉斯恩（Marilyn Strathern）所讨论的"粒子人"的概念（Strathern，1988），后来又进一步被阿尔弗雷德·盖尔发展成能动性分配的概念（Gell，1998：103）。如果我们通过礼物给予自己一些东西，那么我们的自我就会分散在被给予的人和场所中。然而，莫斯和斯特拉斯恩提出的权力问题却从未远离，建筑的"礼物"可能反而是一种强化，即强调建筑师作为职业专家的地位，表明了等级和权力以及接受者有维护和照料这一作品的义务。桑西表明，相关艺术实践的工作中可能存在一些解决方案（2015：101），而在那些工作中，真正的慷慨将取代充满义务的礼物。

交换的物质文化

交换的另一个重要方面是其物质文化。作为议程设置集合的一部分，人类学家阿扬·阿帕杜雷在《商品和价值政治》（*Commodities and the Politics of Value*，1986：3-63）中描述了交换对象如何在不同的时间节点上占有不同的地位。阿帕杜雷的作品追溯了交换物和它们的行动轨迹，观察它们生命周期的每个阶段是如何在社会环境下运作的。他的分析中最有用的是对交换物商品阶段的分析（1986：13）：

（1）社会生活中任何事物的商品阶段；
（2）任何事物的商品候选资格；
（3）可以放置任何事物的商品语境。

这个图式能够将物品在不同状态间的游移概念化，既可以在一段时间内作为商品出售，也可以在另一段时间内承载象征意义或与本不相关的个性联系起来。这就是交换理论与物质文化研究相互关联的地方：商品的概念本身并不是固定不变的。如果将商品认作一个阶段，而不是一种固有品质，那么就引出了这样一个问题：商品是如何以及何时成为交换的候选者

图 5.3　作者拍摄的用于经济交换的建筑的不同形式：南大门市场、和光百货商店、普拉达时装店

的？交换的背景又是什么？因此，阿帕杜雷将商品作为一种"处于某种情况下的事物"来讨论（1986：13）。

最具空间感的要素是**商品的语境**，它直接反映了不同交换空间的运作方式。大众对拍卖行、市场、超市和百货商店的期待是截然不同的（图 5.3），而相同的商品可能在所有地方出售。卖家和买家之间的互动质量是由情境来调节的，也就是通过不同的安排来进行协商、展示、演示或比较那些类似的产品。

阿帕杜雷引用了乔治·西美尔（Georg Simmel）的著作来讨论交换实践的内在价值，指出是参与行为产生了这种价值，它并不存在于事物本身。由此可见，这种社会生产的价值受制于各种形式的政治影响：展示、真实性、知识、专长和鉴赏能力以及供给和需求（1986：57）。因此，经济人类学的研究项目与其说是要推翻马克思关于政治经济学的工作，不如说是要给它增加更多的细微差别。

东京筑地市场

人类学家西奥多·贝斯特在东京筑地鱼市的民族志中，探讨了这个集市的日常生活，并且为市场人类学提供了更广泛的理论洞见。

值得注意的是，该市场是为一系列相互作用的实践而建立的（图 5.4）：从搬运工将产品从一个地区转移至另一个地区，到熟练地切割昂贵的金枪鱼，再到鱼的实际买卖以及将食物融入日本民众的生活中，这些都影响了怎样的切割和色泽是最为人们所追求的。

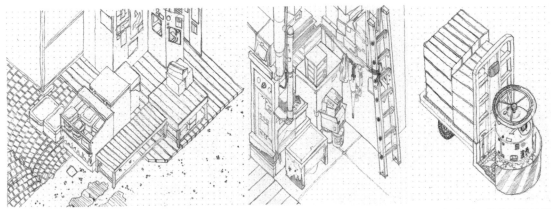

（a）筑地市场货摊正面　　　　　　　（b）筑地市场货摊背面　　　　　（c）市场内用于货物运输的塔
　　　　　　　　　　　　　　　　　　　　　　　　　　　　　　　　　式卡车

图 5.4　筑地市场

　　筑地鱼市既有全球化市场的元
素，也有日本（甚至东京）的特色。
作为世界上最大的海鲜市场，海产
品从全球运往这里进行买卖，以供
国内和海外消费。贝斯特将筑地描
述为一种完全不同的存在——一种
跨越国界的存在，一种完全超越主
权国家概念的存在，一种完全无国
籍的存在。市场经济学只是在市场
的描述中被简短地提及（图 5.5），
像其他任何努力一样，市场是由人
和实践所构成的。

图 5.5　作者拍摄的筑地市场

　　贝斯特从新英格兰海岸的金枪鱼
渔民开始（Bestor，2004：301-320），追溯至东京的这个鱼市。他将工作重心放在了具有争议的蓝
鳍金枪鱼贸易上。蓝鳍金枪鱼体形大、力量足、速度快，它们每年迁徙几千英里，鱼的质量与那
些以高昂的价格购买珍稀种类的人有着强烈的文化联系（尤其是在新年的第一次拍卖期间，频繁
上涨的价格是市场信心的指标）。这项研究说明了深入了解机构的运作对理解其设计方式是多么
重要。人们可以将贝斯特对于这一场所的人类学研究作为一种深层次的现场分析，在给出详细解
释的基础上，允许设计干预或设计一个全新的市场。[11] 以一种整体性的方式理解在那里工作的每
一个人的角色，从搬运工到卖家，再到切鱼师或质检员，所有这些都有助于更完整地了解这个现
场。在可能的情况下，人类学家的工作能够让人深入理解一个特定地方的特殊文化和社会。

　　贝斯特的研究的理论意义可以运用到不同的地方。例如跟踪全世界商品的路径，了解商
品的来源、获取、运输、评估、出售、购买和消费。这给了我们一幅超越了简单假设层面的
宏图，让我们充分理解任意实践、地点、事件或材料的经济、文化和社会意义。这些力量都
对建筑间接地产生影响，无论是在其最初的建造中，还是随着时间的推移而适应后的形态。

贝斯特认为，日本的食物加工和消费的做法与市场运作方式之间存在着直接联系（Bestor，2004：176），通过其市场主导地位影响全球的海产品消费。东京的经济衰退可能会对新英格兰或康沃尔郡产生深远影响，甚至会影响到某些类别和质量等级的鱼的价值，例如在婚宴上所消费产品的尺寸、形状和颜色的绝对规则。实践不仅是人们所做的事情和做事情的独特方式，还是根深蒂固的、文化熏陶的生活方式及对世界的理解和认识，这体现在我们的一些最基本的互动中，也在包括鉴赏力、交易模式和价值判断以及其他实践中得到了回应。

贝斯特开展的民族志研究基于与筑地鱼市和在地工作者的长期接触，从搬运工到公司老板，从与游客同行的当地人到要求最好产品的高级餐厅老板。筑地鱼市是日本乃至世界饮食文化的缩影。贝斯特详述了在筑地鱼市中发挥作用的各种机构和角色，包括政府机构和监管机构、航运公司以及本地和海外市场的各个层级的买家、批发商等。

实践包括了切鱼、卖鱼时使用的特定的手指算数方式以及对顶级买家所需产品的评估。市场操作通常开始于凌晨4点（尽管其他一些配套工作开始于午夜），分级和安置拍卖产品开始于早晨6点（Bestor，2004：177），贝斯特以多感官交叉的方式描述了这样一个场景：聚苯乙烯泡沫塑料和铃铛的碰撞声、塔式卡车和人们的拥挤穿插、活鱼的扑腾声以及螃蟹试图逃离鱼筐的画面。

贝斯特将他的部分研究方法描述为开放式方法，即连续数日探索筑地市场以确定其地理环境。他期望能找到类似社区的组织（Bestor，2004：272），在那里，空间不是依据售卖的产品来组织的：没有金枪鱼区或是章鱼区，也没有高端银座买家都会去的地方。摊位的分布看似是完全随机的，然而事实却并非如此。每四到五年，摊位以抽签和随机分配的方式调配（图5.6），它不会依据理性的系统将干鱼、冻鱼和湿鱼进行分组，甚至不会将鱼类、贝类和其他海产品分开。[12] 在筑地市场，人们十分重视位置优势，而抽签则是为了确保任何劣势都不会持续太久。市场的扇形平面和高压环境都决定了空间的组织。在这种空间里，独特的平面形式、靠近立柱的位置或靠近市场入口的位置，都会对商贩的潜在利润产生巨大影响。贝斯特自己也承认，他对几代人建立起来的家庭关系或基于某些技术规范的理性组织有先入之见——每四年一次的重大调整，这似乎与他的预期是相悖的，但事实上，

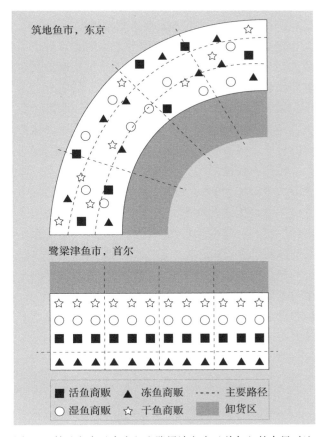

图5.6 筑地鱼市（东京）和鹭梁津鱼市（首尔）的布局对比

无论是实践还是理论，都揭示了许多市场运行的问题。[13]

这些基于日常实践的发现，对于分析社会生活的场所变得极其重要。要理解市场的这些方面，需要有一个完全沉浸式的研究时段：一个不带有期待和先入之见的调研，并且对现实和事物的复杂性持开放态度。在丰洲市场发展的新近阶段，人们会看到有多少筑地市场的经营方式能被保留下来，而未来又可能出现哪些新实践。

市场的空间性和时间性

人类学家阿尔弗雷德·盖尔开始把更多的图像方法和传统民族志结合起来。在《市场之轮：印度市场的象征意义》(*The Market Wheel: Symbolic Aspects of an Indian Market*，1999：107–135) 一文中，盖尔描述了印度中部多莱（Dhorai）的一个市场村庄。盖尔首先提到了市场的时间性：和世界上许多市场一样，它有时是一个市场，有时又不是（Gell，1999：107）。盖尔最感兴趣的是这个场所的周期循环。值得再次指出的是，人类学纵向性质的目标之一：可以在一两天内调查到的场所的物理特征。如果你要在一天之内对这个场所进行调查，而这一天又不是市场经营的周五的话，那么你可能会错过整个调查的全部要点。这种表达严肃观点的方式是相当轻率的。每个地方都会随着季节而改变，从一天到另一天，从一周到另一周。通过长期考察一个地方，人类学家能获得的不仅仅是更多的数据——通过对一个场所的历时性研究所得到的数据中存在实质性的差异。

重要的是，盖尔使用平面图来描述和理解市场的场地。他使用图表来勾勒市场上各种商贩的行为，描绘出了从珠宝商到干货销售商的卖家集群以及三个主要的顾客群体：**部族、本地印度教教徒和非本地印度教教徒**。他的图表表达了这三种关系的复杂性，即哪些群体用货币交易，哪些群体使用易货贸易、信贷或服务行业。他以图表的形式进一步描绘了市场的环境，并在一周内绘制了其他当地市场的地图，这清晰地表明，区域市场为特定市场预留了特定的日子。很明显，多莱不是孤立存在的，而是作为整体系统运行网络的一部分。

盖尔不仅使用图表来向读者解释社会关系，而且还将图表作为揭示这些互动和通信的一种方式（Gell，1999：121）。市场代表了微观世界中更广泛的社会互动，购买商品则是分析的重点单元。他谨慎地不去作过多推断，而是使用案例来证实他从该地区的其他社会背景中收集到的材料。在多莱市场中，两个社会结构在起作用：一个与社会地位有关，一个与不同种类商品的价值等级有关，这些商品被安排在同一区域（1999：121–122）。

盖尔的分析中涉及了珠宝保值和重新出售的方式，其地位和交易价值由此得以保持，甚至可能随着时间的推移而上升。贵重金属和宝石的内在价值，使这个设在中央的摊位在市场中拥有了比其他可能同样昂贵的奢侈品更高的地位，但并不是"永久的价值存储"（Gell，1999：123）。

因此，市场区域从中心到边缘编号如下：

（1）珠宝商；

（2）奢侈品（精制或加工的）；

（3）消耗品（未精炼的或原材料）；

（4）非奢侈服饰和干货；

（5）蔬菜和本地作物；

（6）低价工艺品和中间商。

盖尔还提供了两种形式的坐标轴：

放射状的： 区域本身之间的选择是在根本不同的价值类型之间进行的。

环状的： 在给定区域内的经济选择是以金钱价值为基础的。

盖尔绘制的地图和图表不仅描述了他的发现，也可帮助他理解这些发现。它们代表了他对市场双同轴布局和轴向排列长期而细致的观察和分析。这适用于建筑师对任何场所进行的分析，如果建筑师对重叠的描述实践持开放态度的话。建筑师参与现场的方式可以被理解为一套适用于该行业的熟练实践。将这些实践聚集起来，便形成了**惯习**。

在一个更明确的建筑框架中（Mooshammer，Mörtenböck，Cruz & Forman，2015；Mooshammer & Mörtenböck，2015 & 2016），作为建筑类型学意义上的市场被重新审视，并被描述成一种估计代表了全世界一半经济活动的全球现象。市场被描述为"多重协议形式的场所"（Mooshammer & Mörtenböck，2016：9），是最公共的空间。它既有公民维度，也有经济维度，是一个协商的场所。这些异托邦（Foucault，1986）的一个特征是它们并非孤立地发挥作用——即使最不正规的市场也是空间的网络，连接着生产场地和消费场地，也连接着一个市场与另一个市场。因此，市场是交流和传播的空间。建筑史和建筑理论经常忽略这些非官方和非正式的建筑，因为它们不属于我们所认知的"真实"建筑：它们的无常和脆弱的物质性暗示着它们是一些完全不同于公认的建筑经典的东西。然而，它们却是空间作为一套社会关系的复杂解读和改写。市场是由非专业人士在有限的手段和许可下设计的，尽管如此，它们仍然是围绕交换、沟通和传播安排的空间条件的复杂表达。将这些市场纳入建筑讨论的轨道需要学科的根本转变，这种转变往往通过竞争和委托、专业验证和赔偿保险等机制嵌入新自由主义经济中；非正式市场以意想不到的创新方式整合了一些最新技术（Mooshammer & Mörtenböck，2016：18–20），有效利用了材料，并以最轻的触感占据了空间。市场存在于合法与非法、允许与反对之间。

有时候，市场的好处会被隐藏起来。阿布杜马利克·西蒙尼（Abdoumaliq Simone，2010：227）在他的黑人城市主义概念中讨论了年轻女性的例子，她们作为管家和保姆，在下班回家的路上故意绕道而行，以便让自己接触到市场所代表的机会。这是一个自发的决定，偏离她们通常的路线，进入到她们很少或根本没有社会联系的空间中。虽然这些逗留对她们的就业地位和安全存有风险，但这种绕路被认为是值得的，因为在那里可能会有机会。她们在和别人的讨论中建立了社会资本，积累了丰富的经验，使她们成了城市中宝贵的知识来源。

西蒙尼的黑人城市主义理论是围绕语言的争议性展开的。值得注意的是，西蒙尼有意将黑人作为一个种族的指称，并与"黑市"的非法性混为一谈。他认为，这作为一种组织和解读与城市之接触的方式是不合法的，更准确地说，是非正式的。他的论点是：在这些情况下，这样的混淆表明了监管的另类或非常规形式，而不是监管或法律框架的缺失。与关注合法性相比，西蒙尼研究城市经济学的路径更着眼于互动是如何被实际实践和执行的（2010：280）。

南大门市场模式

位于首尔市中心的南大门市场是出售街头食品、服装、厨房用品等多种商品的综合市场（图 5.7），它大约由 25 栋建筑和连接它们的街道网格组成。根据销售空间最大化的要求，这些楼房的正面是空白的，窗户被遮挡或用印刷字体覆盖。这些建筑的底层单元向街道开放，出售传统药品、行李箱和其他高价值商品。室内则按照主题布置，一栋建筑专门出售儿童服装，一栋出售炊具，还有一栋出售婚礼织物和珠宝。这些建筑在工作日的大部分时间是开放的，但每个月的第一个和第三个周日休息。批发商的营业时间一般是午夜至早 7 点，其他零售商则大多从早晨 7 点营业至下午 5 点。街道网格每天的变化很大，大多数时候，主要街道里挤满了由城市政府提供的白色搪瓷钢手推车以及数量不断减少的非正式临时建筑。在一般市场关闭的日子里，有更多的这种临时占用空间的情况，在有可用空间时就利用起来。市场里充满了购物者、商贩、快递员和搬运工，每个人都有自己的角色，这一开始看起来混乱，但实际上是一系列重叠和高度有序的空间实践。这个市场的非正式层面通常不是建筑所讨论的话题，但进一步调查发现，南大门市场不仅满足了人们对构成建筑所设定的所有标准，也挑战了我们的先入之见，并建立了一个临时性、移动性和实践性的建筑，每一点都和 1960 年

图 5.7　作者对南大门市场现场的摄影

代反文化建筑的阿奇格拉姆（Archigram）或克劳德·帕伦特（Claude Parent）一样激进。

本章以"南大门市场的图形人类学"项目的元素结束，目的是认识和理解这个复杂的工作网络，多重的、随机应变的建筑。这种方法将建筑知识生产应用在社会生产背景下——作为一名研究者，我会集中精力，通过绘图的方式去更多地了解它。作为一名建筑研究者，绘图是一种嵌入式实践，对于学科研究的开展至关重要，尤其是它能够代替其他实践（如民族志）产生不同的知识形式。推崇非正式和短暂的建筑能让我们从架构上去理解它，将其作为在这些环境中学习生产新建筑的第一步。

许多作者都提出了这一观点，人类学家蒂姆·英戈尔德（2013）对另类知识传统和"从内部了解"（Knowing from Inside）思想的讨论，为这一观点的确立奠定了基础。从建筑或城市主义的内部了解又意味着什么呢？

题写实践可以看作知识生产的一种形式，这种实践相当于学术文本，并揭示了对现象不同方面的其他形式的研究方法，例如统计分析或访谈以及基于问卷的数据。穿过小巷的剖面图（图5.8）告诉我们很多信息——如何让空间变得有效、如何使用表面去展示和储存商品以及如何使用脚轮和防水布这样通常与雄伟建筑无关的材料。这些剖面展示了车辆占用情况，使用立桩和排水管固定现场的干预物，以一种叠加的方式将建筑桥接起来，并将其作为一系列附加组件来设计。

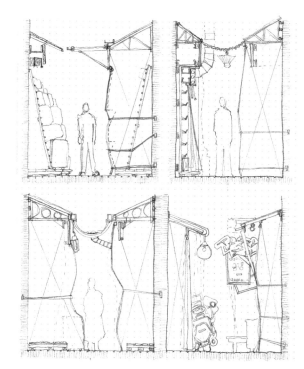

图 5.8　南大门市场的剖面图

南大门市场在一周内的每一天都是不一样的，它遵循着一种使用模式，这种模式不仅是周期性的，还根据人流、人群的需求和偏好、天气、附近商业区和来自附近商业区及市政中心的顾客的工作日来安排。有些日子街上没有手推车，有些日子市场维护活动会明显地持续一段时间，因为商贩们会仔细地安排手推车和商品的位置，而其他人这时已经开始交易了。这就表明空间的安排每天都会被重塑（图5.9）——经由反复试错重新创造空间模式，从而为出售商品提供更优化的设计，如出售帽子、太阳镜、箱包或袜子。

这是对建筑传统思想的挑战。观察南大门等市场的目的是提醒我们自己，城市必须提供一些最吸引人的空间品质。塞德里克·普里斯（Cedric Price，2003）、阿奇格拉姆、库克与韦伯（Cook & Webb，1999）和1960年代的其他反文化建筑运动都坚持建筑的可变性和响应性，但在一定程度上会使人想起客机内部或直接联想到太空竞赛。类似地，最近关于建筑能动性的讨论，试图恢复建筑辩论中的社会因素，将人与建筑环境之间的关系问题化了。对于这种具有回应和控制、即时性和迭代性变化的建筑来说，一个更有效的模型就是市场：这是一个

图 5.9　作者拍摄的正在被拉拽的运货板，以即时响应市场环境

远远超出专业建筑师范畴的空间。

　　与此同时，市场必须在晚上收拾干净。经常被创造的空间也经常被还原。市场是高度管制的空间，底层单元在商店前面有一个确定的人行道区域，这部分是被允许的溢出，在该区域中，货物以阶梯状被小心地布置，使行人可以看到商品，而且商贩也能将这个空间作为自己的领地并加以监控。值得注意的是，即使和邻居在相同的贸易上产生了竞争，他们也会互相帮助，在需要时监控彼此的外部空间（图 5.10）。这种互惠表明了市场是充满秩序的，不是冲突的场所，保持良好的秩序可以确保每个人的生计安全。

　　人行道区域的溢出部分必须在晚上收拾好——这是一个可渗透的边沿，可以撤回到店内，或覆盖一块保护性的防水油布，用结实的帆布捆扎起来，再用挂锁绑上橡皮绳。通过这种方式，即使最正式的商店结构也会表现出每天循环的起伏、占用，然后撤出。一旦打包完成，商贩们就会拉下百叶窗，关闭卤素聚光灯。地面被占用，并定期返还给公众，这种转换通过在摊位开门营业和关闭时转移保护覆盖物来体现。

　　模块化的手推车每天晚上也会被收拾好（图 5.11）。在傍晚时分，一辆四轮摩托车拖着一长串由白色模块化小车组成的大篷车发出"咔嗒咔嗒"的声音，其中一些小车用蓝色或绿色的防水油布固定着。这些手推车被钩在一起并统一放在靠近市场入口的停车场。这些非正式的手推车是其所有者的责任物，因为它们存在于市场系统之外。

图 5.10　作者拍摄的由相邻商贩监控的外部空间

图 5.11　收起的南大门市场手推车的轴测图

我们通常只关注建筑的建造，而忽略了建筑的拆除。显然，在重新关注空间消解的背后，有许多必要因素。斯蒂芬·凯恩斯（Stephen Cairns）和简·雅各布斯（Jane M. Jacobs）最近在《建筑物必死》（*Buildings Must Die*, 2014）[14]一书中进行了分类，重新思考了建筑可能被拆除的多种方式。市场的基本性质再次对应了这一点，即在需要的时候替换小部件，根据每个商贩的需求进行小而重要的改进。重复的手推车模块间的相互作用和它们的适应性，为建筑提供了重要的经验。

市场在首尔和其他城市中都是最吸引人的空间之一。它其中有丰富的感知和体验，代表了一系列交叠的惯习：骑摩托车的快递员所熟知的市场是不同于货车司机、人力搬运工和搬运公司领班的。市场内的其他群体也有着自己的惯习：他们的实践集合在某些地方会有交集，但不是全部重叠。商贩们有通过发声和眼神接触来获得关注的习惯；他们有相互监视的实践方式——关于自己和邻居们的场地。摊贩们有展示的实践方式，以确保他们的摊位尽可能有效地展示商品，这种行为与商品的成本相适应——一些便宜的商品往往堆积如山，以显示其丰富，那些被认为更昂贵的商品会被更仔细地策划——被拣选和削减。

市场空间的本质比笛卡儿模型所揭示的更加具体，感官体验更加丰富。在詹姆斯·吉布森（James Gibson）的空间模型中[15]，他提出了表面、媒介和物质三位一体的概念。建筑元素在市场中的循环和流动可以被理解为一种媒介。在充斥着油腻的街头食物味道的浓烟里，空气本身是一种媒介；参观市场的人群是一种黏性媒介；商贩的手推车和被操纵的物料也是媒介。空气中充满了食物的辛辣和热量（严冬时的热浪是受欢迎的，在潮湿的夏天则难以忍受）；人群时聚时散；手推车穿梭于现场——每辆车都根据自己的时间表行动（图 5.12）。快速油炸食物或是打开一层饺子蒸笼时，空气质量都会突然改变；人群涌动，在午餐时间和下午 5 点聚集起来；手推车以独立的每日和每周的节奏运行，与整体建筑的节奏相互协调。

如果说市场是在没有建筑师或设计师的干预下形成的，那将是一种误导。首先，我们必须区分**专业**建筑师和其他可能定义或设计空间的人。鲁道夫斯基（Rudofsky）颇具影响力的研究《没有建筑师的建筑》（*Architecture without Architects*，1987）的标题颇有吸引力，但副标题却常常被人遗忘：**对非正统建筑的简短介绍**。当然，"正统"本就是一个有问题的术语，但

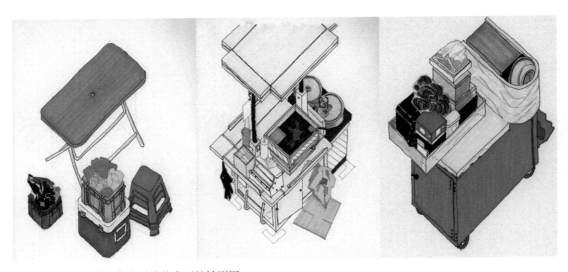

图 5.12　南大门手推车在开放状态下的轴测图

是与其争辩那些不是建筑师却在市场里创造空间的人的身份，不如把他们视作由世界各地的专业团体认定的不同方面的建筑师，这样可能更有趣一些。鉴于所需的技能范围和知识广度，建筑师行业有充分的理由为这群"建筑师"建立合法性。当建筑失败时，它可能代价高昂且充满危险，因此验证的安全性非常重要。

建筑的本质是定义空间。无法不承认市场的供应商也是这么做的——也许规模更小、更非正式，但建筑可以说是存在的。空间是被表明和被定义的：即使最随意的摊位也有前有后，有一个卖家区域和一个买家区域（图 5.13）。非正式摊位通常会在地上放一张硬纸板，以标记领地，并设置一些保温措施和一个更柔软的表面。

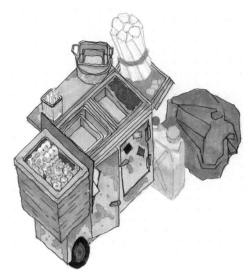

图 5.13　南大门手推车的轴测图，通过如朝向、原料和餐具的位置等简单的要素表明了商贩的领域，展现出对推车正反面的定义

在建筑中，"衔接"（Articulation）是一个普遍使用的术语，被用于指让表面更具交流性或意义的调适。经典意义上，它被描述为立面（façacde），表现为一种图解，呈现出力如何穿过石头，将屋顶的重量通过窗户和门的开口向下分配到地基上。这和市场摊位、可移动的手推车、小巷餐厅或溢出到街道上的商店单元相当不同。每个表面都以一种直接的方式得到了利用，以进行交流：表面是商品的支撑，展示可评估质量的商品，等价交换，订购目前没有的商品，或是直接购买。文丘里、斯科特·布朗（Scott-Brown）和劳奇（Rauch）卓具影响力的作品《向拉斯韦加斯学习》（*Learning from Las Vegas*，1977）可能是一种更合适的模型。对于拉斯韦加斯的霓虹灯标牌、巨大的停车场和棚式结构的研究，乍一看并不是最有前景的，但它通过对平庸建筑的分析阐述了一个关于建筑中符号和意义的理论，以将建筑浓缩为两个类别："装饰棚屋"和"鸭子"而著名。[16]

表面对空间的交流和定义是至关重要的。[17]表面作为吸引顾客的方式，被用来促使人们产生对一个地方的期待。从另一层面来说，这正是南大门市场所发生的事情。

从穿着印有搬运公司大标志的外套的快递公司员工身上可以看出，人们把自己变成了表面（图 5.14）。这个马甲上有很多口袋，可以装手机、订货单和其他必需品。年长的人力搬运

图 5.14　作者拍摄的运输设备和运输公司的组织者

工在背上绑着沉重的 A 形木架，他们把沉重的箱子一个接一个地装上去，直到捆扎固定住货物。在搬运工找到正确的角度让他能把货物搬到市场的另一地点之前，身体会发生弯曲。至此，人们又一次变成了市场上商品流通的一个表面。一些非正式商贩在地面上用织物或硬纸板划定一块区域，在手臂够得着的范围内，把碗和食物摆放在周围，同时他们也在划定空间，准备食物。这些空间实践在本质上都属于建筑，它们有利于定义和利用每个空间，并创造交易机会。这就建立了一种基于不同术语和不同方式的建筑。这种建筑提供了日复一日重新设计的机会——一个以用户为中心的响应式构造，在这个构造中，商贩可以根据具体的情景和买家情况，每天评估和复核手推车的布局和位置。

图 5.15　南大门模块化手推车的立面图，展示了不同的变化

在这方面，模块化手推车是一个有趣的案例（图 5.15），因为它给实验施加了某种控制。这种白色搪瓷钢手推车有储存空间，可以接入电力网络，有一个可以展开的顶棚以及安装在坚固脚轮上的售卖平台。

事实上，手推车的位置甚至每天都会发生变化。传统建筑会仔细考虑环境，以深思熟虑的方式对周围环境做出反应——被建造或拆除——而市场里的手推车则在一个非常具体的语境中，以快速的节奏做出反应。市场的某些地方存在竞争，一些摊位（图 5.16）总是设法保持在相同的场地，而另外一些摊位则每天的位置都不一样。

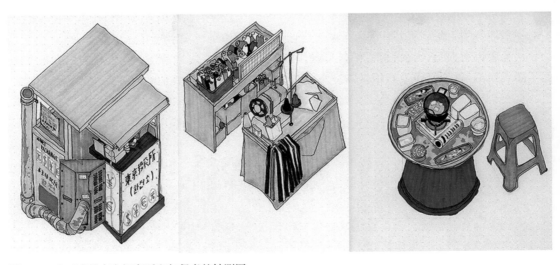

图 5.16　非正式的南大门商贩和午餐桌的轴测图

在货物的安排，甚至手推车与卖家的关联方面，出现了许多模式。有些模式把所有注意力都集中在销售的表面信息上，以一种直接的方式定位到卖家和买家；有些模式则允许买家用更长时间浏览商品（尤其是在出售同一种物品的许多不同款式时）；与此同时，另一些模式则为买家作决定增加了压迫感：鼓励买家迅速作出决定。

非正式的和模块化的手推车都与基础设施密切相关。非正式的手推车以各种方式与模块化手推车和正规的市场建筑进行互动——对市场是正式的还是非正式的观点提出了挑战（参考Mooshammer, Mörtenböck, Cruz & Forman, 2015）；或是像南大门市场一样，同时是正式和非正式的。这个定义可以根据与基础设施之间的关系来加以明确表述。最清晰的关系在于构成市场主体的整体式多层建筑。按照空白表面（blank-façade）百货商店的类型，市场建筑内部由一排排个体商户按照在售商品松散地排列来进行组织。这些建筑可以被理解成基础设施——一个可以被各式各样的市场摊位所占据的框架。

在另一端是非正式摊位真正非正式的、临时的聚集。它们往往位于市场区的边缘，刚好在许可区域之外，这样既可以免于支付租金，又可以利用人口密度的优势来出售商品。在正式市场中，这类某种程度上的"寄生"行为是令人担忧的，但却提供了必要的额外贸易。因此，只要付费商贩的主要业务不会受到任何方式的损害，那么这种行为便可以忍受。

介于二者之间的是模块化手推车。它具有非正式手推车的一些形式上的灵活性——当然也有所限制。关键在于模块化手推车需要电力运行[18]，这些电源分布在市场许可区的范围内。尽管轮式手推车具有机动性，但它还是受到电力需求的限制，因为需要电力来驱动照明，也需要电力来驱动提升车顶的机械装置。很显然，以上种种都是为了改善卖家和买家对市场的体验，但还存在一个隐秘的动机：将市场限制在某一区域内，并限制其扩张蔓延。

再说说吉布森的**媒介**概念里除了表面之外的部分，当把建筑视作一种社会结构而非一个物理的、稳定的且仅仅具有物质性的客体时，这种流动的观点对于建筑来说就是关键的。这三个类别之间必须相互作用，表面容纳了相互作用的人流、交通流、商品流：社会的往来互动。研究市场及其建筑就是研究它对表面的使用，表面的各种转化以及把一个表面从空白的、无用的纯粹墙壁转化为商品展示面的技术。这些技术有时很简单，例如安装在框架内的钢丝网、可快速拆卸的支架台、脚轮平台、塑料布和遮阳伞。

在最近的著作《反造型》（*Anti-Object*，2010）中，隈研吾等建筑师追求的是以更加有趣的方式去研究当代建筑的表面和连接的复杂性。他提出了几种能实现这种效果的策略：流出、擦除、最小化、拆散并分解成粒子。这些可被描述为研究表面之作用的方法，而吉布森讨论了媒介与物质间的介质膜的黏合度、黏聚力和组成。显然，在试图超越后现代主义建筑的形式取向上，其与《反造型》有着明显的相似之处。

实验性地重新排列市场摊位是一项正在进行的工作，一项为了经济利益而响应社会和物理环境的工作：每个决定都有其含义，可以在短期内进行评估，并在第二天重复或进一步改进。这种交叠的重新配置是一个设计过程——不同于传统建筑的办公室，它有一种另类的时间性，但仍不失为一种设计实践。

这就是为什么说鲁道夫斯基的《没有建筑师的建筑》可能是虚伪的，但在谈到专业和非专业（不是业余的）时却是真诚的。这并不是贬低或是评判，而是在陈述一种实践开展的语境：市场摊贩的首要关注点是销售情况的可衡量性和即时改善，他们的技能受限于相对简单和小规模的预制元素的安排，尽管这些安排也确实定义和适应了他们对空间的需求。职业建筑师有着更广泛的技能，这些技能使他们在不同规模下进行操作[19]，不同的建筑类型对工程、结构细节、防水、消防通道、流线和采光等有不同的考虑。然而，适应和定义空间这一基本目标依旧存在。

建筑历史学家尼克劳斯·佩夫斯纳（Niklaus Pevsner）有一句著名的宣言："自行车棚是一座建筑，林肯大教堂也是一座建筑。"（2009：10）这句宣言对建筑发展产生了太大的影响：在佩夫斯纳看来，宣告某些结构是否构成了建筑，不取决于专业建筑师的在场，而取决于建筑中可察觉的某种意向性。通过将建筑作为对结构的一种判断、一种物化或是一种状态，佩夫斯纳将一些东西置于建筑领域之外。当然，众所周知，意向性是很难确定的。自行车棚的设计师可能考虑了经济手段和一个简单结构的诚实性，而大教堂的建造者可能只是简单地遵循范式，根据一种业已建立的模式来工作。

一种更有成效的方式是去考虑这两种结构在什么样的情况下可以被认为是专业的建筑或是普通建筑物是更有意义的，这样能够确定它是一种可变的品质，而不是一个绝对的和持久的定义。对于那些使用自行车棚和市场手推车等非正式建筑的人来说，这些是明确表达空间的重要方式。它们以一种有意义的方式调和物质、媒介和表面，为适当的行为提供了可操作性，并且给不同规模和时间的社会互动提供了框架。

你可能会和很多人共用一个自行车棚的空间——你会和其中一些人定期见面，因为你们有着相似的时间；也有些人你根本没见过，但依旧和他们保持着社会关系。市场摊位也是类似的——通过正式和非正式的建筑来构建和管理社会情境，这些建筑之间相互合作、相互依存、相互竞争、相互支持，又相互否定——在不同的时间呈现出不同的状况。

南大门市场和其他城市市场都是重要的建筑。这需要在反复设计市场摊位时，在表达建筑质感方面有一个信念上的跨越，它们与更坚固的整体建筑基础设施相互作用。市场是一个沉浸在空间实践和惯习中的建筑。因此，市场是一个能应对快速变化的建筑原型，一种既注重拆解又注重构建的建筑。这种非专业建筑经常伴随着一种处于危险之中的叙事，附近的东大门跳蚤市场就是如此，扎哈·哈迪德建筑事务所设计的东大门设计广场（Dongdaemun Design Plaza）就取代了它。

我认为，如果干预措施能更加适度，我们就有能力适应和改变。引入电动模块化手推车来限制市场，带来了一种全然不同的创造力，模块引发了数不清的效应；非正式性与正式性并存，建立在实践空间中的建筑能够调节其活动，并对新出现的情况做出反应。这种市场的灵活性是传统建筑可以有效学习的关键品质之一。

注　释

1. 更多关于格迪斯山谷剖面图的论述，参见 Welter（2003：60-65）。

2. 关于将风景作为景观的批判，参见 Ingold（2011：38）；对其偏爱的气候—世界概念的解释，参见 Ingold（2011：126）。

3. 参见 Ingold（2000：231-232），了解更多关于导航和寻路的区别。

4. 尽管"场所营造"理论上的方向是作为规划和发展政策的工具，而不是我们如何理解和共同创造环境的哲学。

5. 布尔迪厄讨论了礼物交换的不可逆性［1990（1980）：100-101］，随后指出，这种交换是代表关系的符号，使这些关系得以体现。

6. 乔伊·亨德利关于日本的送礼文化的研究就是一个很好的例子，同样的互惠和义务因素也在讨论中，并在企业领域和私人生活中找到了它们的方式。一个有趣的因素是风吕敷（furoshiki）包装布的使用和礼物的重要性，还有包装和打开的过程（1993）。就像在第 4 章中提到的，英格·丹尼尔斯（Daniels，2010）描述了日本人是如何在某些情况下避免赠送永久性礼物的，因为保存物品的义务可能会在储存方面产生问题，这意味着可食用的食品礼物会更贴心。

7. 参见第 7 章三社祭，宴会中其他类型的竞争性交互作为一种状态出现：对活动的热情程度，参与扛起沉重的可移动神龛的具身化实践，围绕社区协会的街头庆祝派对的质量。

8. Mauss（2002［1954］：6-7）

9. Mauss（2002［1954］：11）

10. Mauss（2002［1954］：83）

    最近本·惠特利（Ben Wheatley）的电影《混蛋科林，新年快乐》（2018 年，英国）就是对该主题的一次很好的探索。片中，一个相对成功和富有的家庭在乡村别墅里举办了一场派对，客人们潜在的嫉妒情绪以各种方式表现出来，尤其是对铺张浪费的厌恶。

11. 2018 年 10 月，该市场从位于筑地的场地搬到了东京湾北部的富津。这一颇具争议的举动，其根源在于 2020 年奥运会对土地的需求以及对设施升级的渴望。由于对被指定用于市场的棕地的争论，这一举措被推迟了一段时间，因为在施工过程中，它未能通过几项关键的化学污染物检测。旧市场的残存部分保留在原址上，起到吸引游客的作用，市场对此不太满意，有时会禁止游客闯入，因为他们会干扰市场的平稳运行。

12. 这与首尔鹭梁津等大型市场不同。鹭梁津等大型市场按照活海鲜、湿鱼、干鱼、发酵食品、冷冻食品等分类，摊位划分得非常明确，这样就可以整合大型鱼缸或大型冰箱所需的服务。

13. 在抽签期间存在二级市场，抽到的点位可以进行交易，如果小商贩足够幸运，抽中了一个角落的位置，他们就会得到一笔意外之财。他们可以选择利用这个新得到的显眼位置，或者接受一个较大的摊贩为这个点位支付的费用。这颠覆了抽签的原则，给了市场一种一体化的感觉，并证明了市场的无形方面是如何最终被商品化的。

14. 对于建筑被拆毁、拆除或以其他方式销毁的各种方式进行的分类，参见 Cairns & Jacobs（2014）。

15. 参见 Lucas（2012），探索吉布森（1986：22–28）的三位一体作为空间之建筑概念的代替的含义。

16. 文丘里和斯科特·布朗用"装饰棚屋"代表用符号和装饰来传达意义的传统建筑，用"鸭子"代表用形式和体量感传递表现力的现代主义建筑。——译者注

17. 参见 Lucas（2020），了解更多通过吉布森的表面理论的视角对韩国市场的解读。

18. 参见 Lucas（2017a），了解更多关于市场如何通过模块化手推车的电源需求限制其范围的内容。

19. 这种尺度既是物理性的也是时间性的：职业建筑师倾向于"永久的"或至少是持久的结构。

6 路径、行走和寻路

引言

建筑空间通常是由我们在其内部和周围行进的路线激活的。尽管在流动性或机制方面存在变化，如升降电梯和自动扶梯，但行走仍然是理解空间的主要方式。通过节日改变这些路线，是一种社会活动重赋空间、根据不同理解来重写城市的方式。

行走还与寻路和导航有关，这是理解广阔空间并通过它绘制具体路线的过程。一些哲学流派和创造性实践有助于我们理解从 A 到 B 的日常过程，理解在这些路径中沉淀的意义，并理解某些路径比其他路径多了哪些目的。

不同的行走实践说明了这一日常的活动可以如何变化：游客预定的行程，或者一些登山者熟练打卡的策略。在探索这些区别时可能会有许多细微差异，但一个人在探索或迷路时的行走方式，与我们知道自己的路线并每天使用这些路线时的行走方式是完全不同的。在新年庆典期间，京都等日本城市的活跃程度也体现了一些运动的特点：城市被占据的方式有所不同，庆祝活动让居民在新年前夕走上街头参拜寺庙，然后在新年当天参拜神社。在庆典期间，我们有目的地，这是为每年的这个时候——夜深之时，所保留的关于游弋的知识。

行走的节奏

在建筑学的论述中，我们已经很好地确立了空间体验的现象学方法，在斯汀·埃勒·拉斯穆森（Steen Eiler Rasmussen，1962）和尤哈尼·帕拉斯玛（Juhani Pallasmaa，1996）等作家和实践者的作品中也得到了明确表述。现象学是哲学的分支，关注我们如何把握外部世界。因此，它在一段时间内占据着人类学话语的主导地位，也随之扩大了该理论范围的争论，以讨论感知如何改变对现实的理解，因为不同的世界概念产生于不同的感官数据。这个问题最引人关注的一个方面是关于行走的讨论，对于大多数体格健全的人来说，行走是一项简单的实践；尽管如此，行走还是受到许多变化的影响。本章借鉴了让-弗朗索瓦·奥古亚德（Jean-Francois Augoyard，2007）和其他理论家的流动性社会学概念，他们对我们如何以及为什么行走的观点提出了挑战。

从建筑方面看，通过医学上的循环隐喻[1]和廊道的理念可以解读穿过建筑的路线。其中的每一个观点都以不同的术语概念化了建筑中的运动——要么作为一种流动，这有点像流体力学，在某种程度上把建筑用户去人格化和抽象化了；或者是一种有意的展示——在这里，人们期待被看到。建筑环境中的运动有更多的隐喻，但这两个隐喻在建筑思维中是最普遍的，给我们提供了空间句法（Space Syntax）[2]和基于行动者的建模以及填料（flânerie）[3]和情境主义驱动等概念。感知数据提供了更多的细微差别，夜间行走实践[4]和对城市漫步的性别理解使这种差别更加清晰。[5]

正如第 5 章所指出的，实践理论有助于我们理解当技能或是规则限制了行走的目的时，人们如何以一种截然不同的方式来体验空间，例如在基督教教堂，神职人员和祭坛侍者的队列与普通教众截然相反。仪式队列按照严密的规程组织，显示出仪式的某些重点。教众有一个更为开放的脚本，其中一些人从牧师那里获得指引。这一章的重点就是行走实践是如何以不同的方式激活空间以及如何根据**神圣**和**世俗**来进行编码的。在传统的建筑论述中可以找到这种差别，主要指宗教空间。我们很容易把对"神圣"的考虑延伸到世俗活动中，例如参观画廊，在那里，安静的人群缓慢地在作品周围移动，这与当代导览和参与家庭友好型的活动截然不同。

哲学家和批判理论家亨利·列斐伏尔（Henri Lefebvre，2004）提出了一个重要尝试，他试图对城市生活内化的运动进行相似的解读。他声明，其著作的目的在于"建立一种科学，一个新的知识领域：关于节律的分析，并伴随着实际后果"（Lefebvre，2004：3）。他坚持认为，无论是冰川、岩石缓慢的移动，还是人类和其他动物相对快速的运动，运动的特点在本质上都是充满节奏和韵律的。这些节律由时间、空间和尺度的线性和周期性因素组成。这种整体的运动生态有助于推翻静态观点，即推翻事物可以完全固定或永恒的观点。与节律分析者类似的是心理分析学家，列斐伏尔戏谑地概述了这个角色所能做的工作（Lefebvre，2004：20）。

这种节律的社会性质被称为**盛装舞步**（dressage）。盛装舞步是另一种空间实践，与表演活动中对马匹的行为举止的要求相似，在这种实践中，我们要遵循一套普遍理解的规范。节律具有文化特殊性和社会性。在世界的各个角落，日常生活的方式都不尽相同。就日本对鞠躬的偏好而言，鞠躬的深度代表了相对的社会地位，敷衍的鞠躬也被发展出来，以保持礼貌，而不是过度努力，机器人被植入鞠躬程序，让自己在公众面前更受欢迎。采用西方的握手方式是为了方便与外国公司的代表进行商业交易，在社交功能上和鞠躬之间存在着略微尴尬的重叠。所有这些因素都是人类学感兴趣的，但更深层次的空间使用模式符合**盛装舞步**的概念，在盛装舞步中，我们被培养为以特定的方式行事，以特定的方式使用空间。

从根本上说，节律分析是一种身体哲学，因为这是一个人必须采用的无法避免的方式——我们对于时间和空间的概念建立在我们自己的存在中。那么，作为现象学的延伸，节律分析者要倾听他们自己的身体（Lefebvre，2004：67）。为了专注于节律，列斐伏尔在第1章中摒弃了物：必须抛弃物质文化，以便让研究者完全专注于节律。

这一章分析了在京都的新年庆祝活动中，空间是如何通过仪式化的活动被激活的，神圣和世俗使用间的差别以及可能的空间多样性。

运动是我们理解空间的一个关键因素。这看起来可能极其明显，但在这个话题上有很多可说的，因为我们在空间中的移动方式经常被忽略，或是在建筑和城市空间的设计过程中被过度设计，消解了社会因素，将人的活动简化为数据，但甚少涉及**怎么去**和**为什么**去。为了理解运动，必须考虑一系列的策略，从基于社会科学的方法到符号的记录与书写都要考虑到。每种方法都带来了一系列的好处和困难，那么研究在建成环境中之运动的方法还提供了哪些机会呢？

还要补充一点，这个主题也可以在感知研究的背景下来理解（Lucas & Romice，2008；Lucas，2009a，2009b）。如果我们将感官知觉的概念打开，把运动作为本体感觉[6]和触觉的一种形式或特殊情况纳入，考虑到潜在的通行路线、停止点、程序化使用和挪用，那么，很明显，这种整体性和触觉化的空间方法可以启发我们的设计。对于每一种情况，我们想要回答的问题是：在这样的空间中，运动的**特点**是什么？

行走的类型

让–弗朗索瓦·奥古亚德[7]的研究"一步一步地"（Step by Step），关注的是法国新城的生活体验，尤其是格勒诺布尔郊区阿勒金（l'Arlequin）新城居民的日常行走路线。他的目标是通过与人们同行，在他们去工作时对他们进行采访，发展出一种游弋的社会科学，一种对于日常生活的立场。奥古亚德从米歇尔·德·塞托的《日常生活的批判》（*Critique of Everyday Life*）中得到了启发，在这个案例中，我们必须予以关注的是：日常和平凡是值得研究的。这种观点也是本书的核心，我们在其中寻求的不是通过与众不同的、奇观性的事件[8]来理解建成环境，而是聚焦于城市和建筑中最普通的，几乎是平庸的生活。我们在思考日常时会作出许多假设，大部分是基于我们自己的生活经验，即建立某种"规范"，但从中看到的情境会有某种程度上的偏离。这是非常自然的，通常受到我们所处的更广泛的社会群体的影响，包括家人和朋友等。从建筑设计的角度来看，这样的假设是不够的——设计过程必须建立在观察和既有研究的基础上，而非建立在偏见、假设和规范性的"好"或"坏"的观念上。

有趣的是，奥古亚德使用了一个简单的概念，即将"脚步"（step）作为一种组织原则（Augoyard，2007：3）。这是一个例子，以此说明如何将一个简单的想法看作一种组织原则或分析单元。在这一概念下，受访者的日常路线是有趣的，并且可将其简化为一系列的步伐，一步接着一步。迈出一步是一个简单的想法，但它会推动主体前进，并质疑方向，将其分割成不连续的步伐和每一步迈出的空间。通过与受访者同行，我们可以明确理解行走的社会性。正如我们之后所看到的，友好的行走环境会对我们理解空间的方式产生巨大影响。遛狗的人以不同于散步者、推轮椅的父母、轮椅使用者、孤独的人或是恋爱中的人的方式去理解城市。所有的这些行走实践都是不同的，当然，一个人可以在这些类别中相对轻易地转换。在这种情况下，行走的基本结构对研究是重要的，奥古亚德的作品将其表述为一种在相同空间中的不同行走方式的类型学或分类系统。

人们和他们的栖息地有一种**关系**。不论是从寻求理解人类与空间互动之本质的研究者的视角，还是从想要修改、提高和改变这种交换条件的建筑师的视角，都是明确且值得探究的。有趣的是，奥古亚德强调了**让人们说出**这种关系的冲动，这也是社会科学研究实践中最困难的实际问题之一：如何引出一个关于人们真正如何生活的准确而信息量丰富的回应。在某种方式上，这个问题有点像量子物理学中的观察粒子，因为只要一个人观看或者细致审视一个现象，那么事情的本质就会在被观察的过程中发生实质性的改变。

奥古亚德首先考虑了几个路径类别，指出："城市看起来是一个隐秘的物体，一个遮蔽自己的物体。"（Augoyard，2007：7）他的主要方法是收集一个主题的类别和变体，以阐述我们如何理解一个问题，并增加其细微差别：

（1）动脉干线：最为明显的主干路线。
（2）死胡同：我们在想走的路上遇到的挫折和阻碍。
（3）小巷便道：由于各种原因而选择的捷径和次要路线。

某些特质在有关行走的文献中没有得到充分体现，而其中一个方面正在消失。尽管寻路

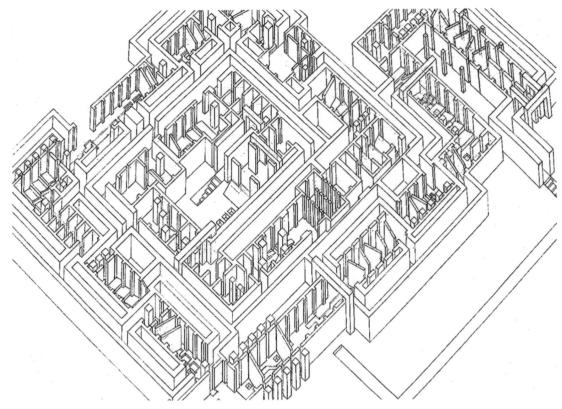

图 6.1　在东京的迷宫里迷路

的过程经常被讨论，但迷路的负面含义经常致使它仅仅被视作一种我们永远想要逃避的情况。迷路给那些导航理论提供了一个吊诡的反驳，即它们忽视了我们迷路和找路的过程，这和在完全掌握位置后所获得的乐趣是一样多的（Luca，2008a，2008b）。在我自己的作品中，我用了一系列在东京地铁里迷路的绘图来阐述这一点。21世纪早期，在我初次参观这座城市时，由于我在语言技能和熟悉度上的欠缺，新宿和涩谷这样的大型车站就像拼图和迷宫一样（图6.1）。对于描述我找路的过程，这个项目的目的在于解析迷路的意义，将这种状况作为所有空间探索的基础来颂扬——这是一个了解那个地方的过程。

为了理解迷路的本质，我开始使用过程图表（被称为流程图）、拉班运动符号（Laban Movement Notations）、轴线图、城市的其他地图和倾斜摄影作为参考。这个项目在本质上明确属于人类学，但在参与式观察的意义上，它属于自传而非民族志。其中一个目的是反思绘图[9]过程本身，但我也描绘了我在新宿车站的行走实践。这些符号虽然利用了拉班体系，但通过关注我的意图和我与人流的关系，这种表达模式的作用某种程度上被扩大了。使迷路变成可见的一部分过程，是将这种体验分解成几个章节，即用流程图来图解化地表达叙事层。这让这些章节有了一个独立的身份，并陷入循环。当我在不同位置上出现类似的导航失误时，就可能会陷入重复。这个项目的结构让我探索了迷路的意义以及当我在一个陌生的地方迷失时的状态：这是一个我现在无法完成的项目，因为我对环境更加熟悉了。

接下来我们将看到在奥古亚德的行走分类中所涉及的诸多方面：折回、采取其他路线、不定时出现的障碍。奥古亚德的研究问题是：

在城市的公共空间中，每位居民经常使用、占用以及有效居住（在积极意义上）的是哪部分？（Augoyard，2007：7）

他所关注的是他所称的"居民不适"（inhabitant malaise）以及这种近乎医学化的脱离的根源（2007：9–12），他指出，变化可能造成居民对环境的不适应。造成这种情况的原因可能是设计过程中缺乏参与，或者是缺乏对新引进的设施的介绍。总之，在奥古亚德的例子中，空间的居住者可能会发现他们并不能适应现代主义环境（与通常那种认为建筑让居民失望的批评相反）。对享受城市环境之愉悦的阻碍，与居民占用和理解所生活的城市空间的方式有关。例如，如果一项变化过于激进或快速，那么人们就很难居住在那个空间里——隐含的规则或施加的约束与他们已有的对生活的理解相差甚远。这意味着环境违背了居民的意愿，造成了不满和滥用，尤其是在环境具有强大作用并试图引导居民行动和活动的场景中。

类似环境的更加积极的例子可能会在其他地方找到。虽然高层公寓类型在一些城市中存在问题，但像新加坡这样的城市通过对这一类型的小规模改造，创造了更宜居的例子。住房及发展委员会（The Housing and Development Board，HDB）的组屋开发项目（图 6.2）是一种适应环境的高密度公共住房形式。该项目的底层包括几个重要特征：通常，在中心庭院里要具备一个花园区域，规划得足够深以便让阳光照射进来；该花园能得到良好的维护，并且能

图 6.2　作者拍摄的新加坡组屋住房街区的照片，包括小贩中心和灵活的社交空间

充分利用地下停车场上方的空间。园内有专为老年人设计的健身设施，还包括一个社区中心。更重要的是，每个街区都有一个名为"小贩中心"的美食区。它与街边小吃排档相似，是一种相对非正式和低成本的食品店，服务于上述组屋住房。小贩中心是一个社交空间，在这里，人们可以与朋友、家人和同事聚会，消遣时光，单纯地占据公共领域。

另一项创新是在纳入地面层的剩余空间，即未经规划的空隙空间。这些空间具有重要的社会功能，因为它们可以被居民用于生活事件，如婚礼或葬礼前的守丧。某些公司专门为这些活动提供临时家具和设备以支持其进行，这意味着每当举行大型家族聚会时，典型的组屋公寓相对较小的占地面积是不成问题的。每一项活动都融入了组屋居民的日常生活：往来停车场或公交站的步行包含着可能的相遇，在小贩中心和人们碰面。花园的维护意味着它们得到了很好的利用，有顶棚的人行道可以保护居民免受时而恶劣的天气的影响。这些朴素的、普通的建筑虽然在形式上和其他城市的大型住宅相类似，但其功能通过共享空间的纳入和持续性维修得到了增强，以确保这些建筑保持良好的状态。这些相应的成功是社会性的，也是建筑性的。

新加坡的例子建立在一套共享的空间实践上，建立在对分配给住宅区的空间的使用方式上。如果像奥古亚德的受访者一样，居民长期被剥夺了上述空间解读的权利，那么问题就会变得复杂且更难以解决，因为压根就没有一套真正的空间实践可供参考。城市使用者对环境生产的干预，被认作是这一问题的解决方案——这可以是最大胆的空间的实际规划、设计和建设，或是通过扩展居住地得到的更微妙的空间生产。

当然，政治因素也产生了很大影响，这延伸到了对期待的管理；也表现在政治效力上，居民往往受制于它而不是控制它。建筑生产的技术和过程把居民的权力关系置于考量之外：有时是因为建筑师无法控制这一点，但有时是因为完全缺乏关注。例如作家乔治·奥威尔的表述，他认为**每一种行为**都是政治性的（Orwell，2013），而认为某件事是非政治性的宣称本身就是一个极其政治化的声明。这启发了我们，不论我们如何占据并出现在空间中，或是为行走提供了哪些空间、拒绝在哪些地方行走、将谁排除在外，行走都可以是一种政治行为。

奥古亚德让我们在普通环境下观察人们的日常生活细节（Augoyard，2007：23），因为这是我们度过生命中大部分时间的地方：上班、购买杂货、呼吸新鲜空气的庸常空间。由此产生的是对**空间实践**的审视。空间实践这个术语包含的不仅仅是"运动"，还代表了一种生活态度和方式：奥古亚德的受访者如何通过他们与空间的接触来理解空间。这不是一个从实际的日常交互中抽象出来的空间概念，而是牢牢扎根于其中——这种日常性**统领**了整个方法。

通过与被调查者勾画行走路线，人们能清楚地表达他们做了什么、如何做的以及为什么要做。这种叙述性、故事性的想法是一种重要的结构化和秩序化的实践，它专注于空间体验，总是远离合理化，只是单纯地在任意给定空间中解读可能的不同体验。它是心不在焉和全无兴致的（Augoyard，2007：25），但同样重要。我在其他地方也提出过类似的观点（Lucas，2008a），即通过行走，人们可以**改写**城市，不是接受一个给定的剧本，而是在那里演出自己的剧本。

这种观点描绘了步行和语言之间的关系：阅读，然后重写环境，并从这样的理解中尽可能地考虑不同的**修辞和诗学**。奥古亚德在收集了这些叙述和受访者分享的纯粹经验后，试图定义一组**时空表达的图式**（图6.3）。这种结构主义的分类方法提出了对步行空间可能的解读的目录。这个方法类似于我们在奥古亚德的后续作品中所看到的关于声景[10]的工作，使用了一些相当复杂的术语。然而，在讨论从居民那里得到的叙述时，他发现了一些非常有力的特质。

排外（Exclusion）：拒绝给予许可，或来自一个区域的其他形式的劝阻。

互补（Paratropism）：用一条路线代替另一条路线的做法，可能是建筑工程的缘故。

合围（Peritropism）：一系列的路径变化组合在一起，以改变你通往一个常规的目的地的路线。

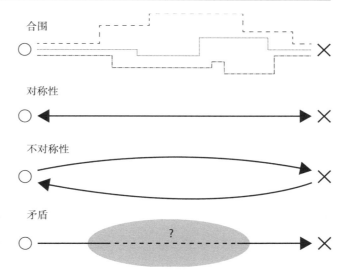

图 6.3　奥古亚德对日常步行质量和形式的图解

一词多义（Polysemy）：同时阅读和书写一个环境的过程，为一个众所周知的空间开启了不同解读的可能性。

矛盾（Ambivalence）：我们不曾注意或关心的、模糊的、未被定义的空间，人们在叙述中可能会省略它们。

交错多义词（Staggered polysemy）：对一个地点的解释，例如在特定路线的某些点上的恐惧感知或社会约束的意识。

分岔（Bifurcation）：一个清晰划分的空间会有这种效果，在障碍的一边是一种状况，而另一边则是一种完全不同的感觉。

质量换位（Metathesis of quality）：这些定义是非时间性的，比如一个空间被定义为"早晨时很美好"，但在其他时间仍然被当作一条路径。

对称性、不对称性和非对称性（Symmetry, dissymmetry and asymmetry）：这些特性指的是到达目的地和返回目的地的旅程如何从不同的角度显示相同的路径。

——奥古亚德（2007：23-114）

奥古亚德继续用百科全书式的方法描述了其他影响。理解其研究结果的一种方式是：通过行走，人们在调用空间。通过调用，我们就能理解人们如何占据空间为自己所用，通过持续使用，通过将其作为一种实践形式来进行解读，通过改造、命名事物或熟悉感，使其成为自己的空间。一个著名的例子是伊恩·波登（Iain Borden）的《滑板空间与城市》（*Skateboarding Space and the City*，2003）。在这本书中，波登研究了滑板作为与城市的一种极端接触的本质，它提高了对路缘、栏杆和长椅的感知，通过废弃的基础设施和空游泳池中滑板运动的早期实践，滑板公园建筑也得以发展。其论点的关键在于调用的概念，这既体现在滑板者如何利用城市空间，也体现在特定的结构如何成为滑板表演的一部分上。步行者也参与了类似的过程，他们对城市的某些部分形成了某种所有权。

命名、编号和其他形式的称呼是所强调的调用最基本的形式。通过命名一些事物——或者用它的既定名字，或者用我们自己虚构的名字——我们会获得该物的代理权。命名过程有助于区分和标识一种由目的地、路标和路线驱动的城市空间运动理论。这些元素被普遍地理解和命名，以便我们在讨论日常事件时获得对环境的控制权："在上班路上发生的一些事情。"奥古亚德将**居住**视为一种流动的和暂时性的事物：它在一段时间内展开，并以一种流动的方式被人们探索。居住常被视为静态的、固定在特定位置上的，但这里采用的方法挑战了这一说法：将运动作为这一扩展概念的一部分，即我们如何居住在城市环境中，特别是通过我们自己的探索而建立路线的地方。

行走的文化

作为我们最基本的运动形式之一，行走似乎简单明了，没有什么可说的。然而，作为设计师和研究者，学者和实践者，我们的任务是更批判性地参与——对这些假设提出质疑。行走和我们从事的任何其他活动一样，都具有文化特殊性。无论是人造的、人工仿制的还是两者的结合，它都是我们的环境体验的中心。

人类学家乔·李·维甘斯特（Jo Lee Vergunst）和蒂姆·英戈尔德编辑的一本论文集，讨论了这种看似简单的步行运动形式。从马塞尔·莫斯（Mauss，1947）的论文里引入了"身体技术"（Techniques of the Body）概念这一点可以看出，行走在人类学学科中有其历史。然而，莫斯的工作并没有完成，在1930—1960年代，人类学对行走话题的讨论是中断的，直到皮埃尔·布尔迪厄再次考量**实践**理论。正如第5章中提到的，布尔迪厄给出了"惯习"的概念，即构成了我们在世界上存在的各种实践的集合。这也是第3章中关于家和居住实践的关联性概念。

不过，有一点是明确的，那就是存在一种实践理论：**简单地做事**。这更说明了一个显而易见的事实：行走是重要的，大多数人**都会**行走，并且我们走路的方式也是多种多样。这便引出了一个问题：行走方式的差异和共同点究竟是什么？为什么仔细考虑人们行走的方式很重要？

除了脚的位置或关节运动这种生理变化，还有一个问题是影响我们走路方式的人为因素是什么。独自行走和夫妇、群体行走间的差异是具有启发性的：在相似的环境中，群体规模和动态都会影响行走方式，它可能被表述成一种被对话打断的行走实践，或是需要协商的行走实践，例如保持相同的步速。有些人认为这些因素独立于行走之外，或是惯习的一个重要部分——群体行走需要一套技能，这与夫妻行走或是独自行走有着微妙而显著的不同。行走通常被视为了解一个地方或是完全沉浸在山峦起伏的环境中的一种理想方式。与地面的直接接触给了我们一些提示：在一篇论文中，日本建筑师矶崎新（Arata Isozaki，1986）描述了日本建筑的**地板导向**（floor orientation），指出了榻榻米垫子的表面特性以及进入室内前脱鞋的文化实践，因为地板材料对于户外鞋履来说是不够坚固的。同样地，城市在其历史和当代的地面条件下可以承受不同形式的移动类型：鹅卵石有助于马车搬运重物，但不适用于汽车，因此，柏油路面成了标准。同时，利用铺路石划分出交通区和行人区，以便行人行走于城市中。其他的各种地面条件形成了鲜明的区别，例如森林的地面上纠缠着树根和落叶，黏性泥浆在雨后把靴子彻底吸进地里，由沙砾和岩石拼凑起来的地面质感总是不像看上去那般易碎。

对英戈尔德和维甘斯特的研究作出贡献的研究者们进行了一系列案例研究。例如凯特琳·隆德（Katrin Lund）和海登·洛里姆（Hayden Lorime）（2008：185—200）以"蒙罗收集袋"（Munro Bagging）的形式来考量"收集"山峦的本质。"蒙罗收集袋"将登山视作一套规定的成就，每个人都会收到一张苏格兰的大型丘陵和山脉的清单，每一座都超过了特定的高度。[11]然后，步行者会记录他们爬过的"蒙罗"，这些形成了收集的一部分，被步行者们象征性地收入囊中。这形成了步行者同伴之间对话的参考点。开出的清单、不同的困难以及共享经验的想法，使得步行者可以在平地上（可以这么说）去比较和讨论他们的经历。

在这样的实践中，个人经历和交叉相似性发挥了有趣的作用。隆德和洛里姆指出，很少有步行者自称"蒙罗收集者"（Munro baggers），因为这被视作把爬山贬低和简化成勾画任务框的行为。然而，许多人也会承认，这种收集冲动确实是他们行走的一部分。

蒙罗让人们可以组织他们爬山的方式，如今，它作为一种半正式的、全国性的组织机制，还没有什么明显的竞争对手。作为一个有着共同娱乐热情的社群，"步行者兼收藏家"是非常多样化的，且有着自我区分的能力。早在学术分析介入之前，"蒙罗主义者"就有了自己的政治身份和地位。（Ingold & Lee Vergunst ed., 2008：187）

因此，不论行走是单独的还是小群体进行的，它都可以被理解为一种社会实践，因为行走的路线或对象可以被理解为字面意义上的公共场所。规格和清单对于行走的形式是很重要的，无论是恶劣的天气条件、不寻常的事件还是与其他步行的比较，它们都为步行者提供了可以附加上自己的故事的参考点。

这些行走形式的编写构成了隆德和洛里姆所说的"地理知识的演示"（Lund and Lorimer, 2008：190）。有人认为，这种知识形式必须以亲身实践的方式参与，以出版的指南和地图为支撑，并在环境中获得切身体验。某座山丘以一种特殊的方式呈现了环境，它由标识和里程碑构成，并且提供了视线引导、首选景观和尽可能去往高处的感觉。

隆德和洛里姆认为，蒙罗收集者所创造的知识不能仅仅被理解成个人的**或是集群的**，而应是**二者兼备的**。这是特定的运动脚本的关键。舞蹈里也有类似的实践，知名芭蕾舞团被标记或记录下来的表演为新的芭蕾舞表演提供了参考点。同样，旅游线路也有参考点：一个可以用来衡量表现的符号。这表明，脚本和预定路线的重演是建立在围绕着蒙罗攀登的符号化实践上的，特别是与运动相关的那些。因此，值得注意的是，蒙罗指南本身就是一种简单的符号形式，它提供了一个类似于微调的拉班符号的剧本，但由不同类型的信息所组成：它只与登山者相关。符号的本质在时间层面变得很显著，它贯穿了一位登山者或登山运动员的整个职业生涯，而不是几个小时既定的戏剧化表演。

长期以来，行走都被理解为一种美学实践，符号或制图与实践或行走之间的互动为这一领域的创造性提供了一个契机。

初诣（Hatsumōde）[12]——京都的新年节日

在许多节日里，城市的流动性是很常见的，城市的节日状态往往表现出它的强化形态，即城市处于最城市化的状态，一种超常状态。研究城市的这种状态，可以揭示出行走路线的重要性以及占据不常使用的空间或在一天中不寻常的时间出现的力量。新年庆典就是这样一种活动——通常平静安宁的宗教场所成了庆典活动的中心。与日本人的双重宗教信仰相一致的是，人们会在新年那天参拜佛教寺庙，也会在元旦那天祭拜神社，而一些神社也会在新年举办活动。

作为重要的国家节日，新年（在日本，公历新年和阴历新年一起庆祝）伴随的是庆祝来年生肖动物的装饰品和**镜饼**（kagami mochi）[13]。镜饼是两个又大又圆的年糕堆叠在一起，还装饰着一个代代橘和彩色纸带，放在一个升高的木托盘上。在 1 月 11 日，人们将这个耐咀嚼的镜饼烤着吃。其他的装饰还包括在建筑物入口处放置"门松"（kadomatsu）[14]，它们由三截竹子制成，再用松树或梅树的小枝来

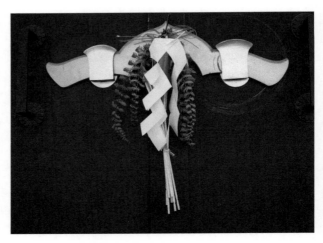

图 6.4　作者拍摄的门松装饰

作装饰（图 6.4）。为了迎接带来新年的**年神**（Toshigami）和**神道教神明**（Shinto kami），这个门槛标识会从 12 月中旬一直持续到 1 月中旬。这些临时性的装饰，部分是被设计用来消费的，它们与门槛的标识一起，再一次标志出这个节日独有的建筑感觉。

在京都和其他日本城市，有关新年除夕的庆祝传统，以不同于"三社祭"（Sanja Matsuri）[15] 等节庆的方式占用城市，但城市仍被城市的居民全心全意地占据着。住宅、寺庙和神社的关系得到了强化的表达：将城市和更广泛的社区带入家庭领域。

与特定神社和寺庙的联系往往符合家庭或社区的脉络——但没有硬性规定你应该优先考虑哪个。一些较大的寺庙因其规模和突出的地位而获得更多的关注，但较小的寺庙也比往常吸引了更多的游客，并因其亲密的气氛，甚至正宗性而受人赞颂。

在冬天傍晚的这个时候，街道通常空无一人，而此刻却挤满了来往于各寺庙之间的狂欢者（图 6.5）。这种被激活的非常规空间是节日城市的一个组成部分。

白术祭（Okera Mairi，おけら参り）是八坂神社（Yasaka Shrine）特有的传统。人们在神社里点燃圣火，小心翼翼地把写着愿望和祈祷文的木板放进大火盆，焚烧这些祈祷文会把它们送到天堂，然后实现。20～30 厘米长的短竹绳由小贩出售——这些肆无忌惮的人为神社所容忍，但只能作为次级的经营者从神圣活动中获利，就像庆祝活动期间在神圣区域内兴起的街头食品市场一样。游客们用火把绳子点燃，然后在空中旋转，小心地保护它们持续燃烧，不被风吹灭（图 6.6）。这么做的目的是把火从神社带回家，用其点燃灶台，烹饪新年的第一顿饭。我们或许可以把这一行为与班纳姆（Banham，1969）和希肖恩（Heschong，1979）将建筑作为环境控制和改造的概念联系起来，这一概念认为建筑不仅关乎形式和空间，也关乎热环境的维持。将这个重要的热源和当地的神社联系起来就是一个重要的建筑行为。

在八坂神社，僧侣还会分发又甜又不含酒精的**日式甘酒**（amazake），以此换取象征性的

图 6.5　作者拍摄的在新年庆典期间的京都街道

图 6.6　作者拍摄的京都八坂神社，有大火盆、街头小吃商贩和日式甘酒

图 6.7　作者拍摄的高台寺大钟

捐款。精致的清酒瓷盘也被当作一种纪念品。街头小吃摊位占据了这个神圣区域的其他部分，出售各种丰盛而随意的食物，包括炖面条、炸鸡和木炭烤鱼。

寺庙有除夕夜敲钟（Joya no kane）的传统，敲钟 108 次（图 6.7），代表了尘世中欲望和激情的数量，这些欲望和激情侵袭人类，阻止我们达成涅槃状态。钟声每响一次就消除一种欲望。礼拜者在某些寺庙轮流排队来为自己敲响这些大钟。在祇园的高台寺（Kodai-ji Temple）等待敲钟似乎成了一项耐力测试，人们在极度寒冷的天气下喝着热茶和清酒，围着大火盆挤成一团。对于一些狂欢者来说，经历这些适度的困难被视为生活中不可或缺的一部分。

在午夜参观寺庙和神社是一种与白天正常参观不同的体验。人们花费了更多的时间在等待构成节日的各种小活动上，而且当时的环境条件带来了别致的感官体验——漆黑的夜空中闪烁着明亮的火焰，狂欢者的喧闹被钟声和他们参与的点燃绳子等各种活动不时地打断——这些实践改变了参观的叙述性或节奏感，使之成了一次特殊的经历。

新年当天参拜神社的活动被称为"初诣"[16]（图 6.8），人们遵循与新年除夕活动中地方神社和主神社类似的模式——甚至延伸回归至远离人们定居城镇的家乡。从酒桶里取清酒喝标志着新年的开始（在旅店里可能是全尺寸的酒桶，房主们通常选择桶形容器，从带有顶部磁吸易于"开瓶"的瓶子里灌满酒），用木槌将其敲开，早餐时就喝一杯冷冽的清酒。

求签是拜谒神社的传统组成部分，但在新年时尤为重要。**御神签**（O-mikuji）是把运势印

图 6.8　作者拍摄的伏见稻荷神社（Fushimi Inari Shrine）的初诣

在纸上，随机从一个六边形容器中抽取一根小木棍，然后从小抽屉里找到对应编号的运势（有时，自动售货机代替了这个过程）。当人们获得积极的预示时，就会把它绑在神社里特制的木架或松树枝这样特定的地方，最终神社将进行统一处理。**绘马**（Ema）是各种类型的小木板（大多数是底边较宽的不等边五边形，有一面是专门为神社所作的装饰）。这些由礼拜者写下的祈祷和愿望，通常会挂在神社的特定点位，再由祭司和侍从在神社的重要日子进行焚烧。绘马和求签是大多数神社的特色。虽然不限于新年进行，但**御神签**和**绘马**仍不失为初诣的重要组成部分。

　　庆典还有很多细节，从展示作为仪式祭品的食物（稍后会在宴会上食用，很大程度上代表了当地企业的慷慨）到购买护身符以及神社和寺庙本身的细节。然而，对我们来说，重要的是去观察节日活动改变空间特质的方式——强调空间是社会性建构的。

　　由于各种原因，狂欢者们对特定的神社和寺庙产生了认同感，而这条由狂欢者所创造的交叉路径跨越了对于事件之世俗和宗教性质的讨论，这些事件在大部分关于日本仪式的文献中占据主导地位。日本神道教和日本佛教在日常生活中的运作方式，使人们很难将其简单地归类为宗教活动。这一庆典包含了以不同寻常的方式穿过城市，在通常为夜间的交付、运输和安保贸易预留的时间占据街道。门槛处的节日装饰以及家庭与宗教象征性的连接导向了一种研究，这种研究让城市空间随着步行活动而开放——在这个词语的两种意义上——完全平凡和日常的；只有徒步才能获得的体验。

注 释

1. 参见 Forty（2004）。

2. 更多相关信息，参见 Hillier & Hanson（2008）。

3. 参见 Careri（2002），Ingold & Vergunst（2008），Tester（1994），Gros（2015）和更多关于审美性漫步的材料。

4. 参见 Dunn（2016）和 Beaumont（2015）。

5. 参见 Elkin（2017），D'Souza & McDonough（2008）和 Rendell（1996）。

6. 这个术语指的是我们对自己身体的感知。

7. 这本 1979 年的著作的英文版直到 2005 年才出版，当时奥古亚德通过他与格雷瓜尔·切尔科夫（Gregoire Chelkoff）领导的位于格勒诺布尔（Grenoble）的克雷森研究所、在《声波设计》（Sonic Design，2006）中关于建筑和声音之交叉的重要工作以及对于氛围研究的广泛关注，变得更广为人知。

8. 尽管如此，盖伊·德波在《景观社会》（1994）中对当代生活的批判恰恰聚焦于**奇观**。我们的目的是恢复日常生活和我们作为建筑师对此的兴趣。这方面的许多资料可以在当代人类学中找到。

9. 这一点在《绘制平行线》（Drawing Parallels，Lucas，2019a）中有所阐述，在那里，我讨论了轴测图的特殊情况。

10. 更多相关信息，参见 Augoyard & Torgue（2006）。

11. 超过 3000 英尺或 914 米的山，属于有着 284 座山的蒙罗山脉。这种实践是以登山运动员休·蒙罗爵士（Sir Hugh Munro）的名字命名的，他在 1980 年代开创了这一活动。

12. 初诣，是日本正月的传统习俗，也称为新年参拜。——译者注

13. 镜饼，日文为かがみもち，是日本新年时用来祭祀神明的年糕。——译者注

14. 门松，是日本正月期间人们在家门口放置的由松树与竹子制作的新年装饰。门松也被称为"松飾り""飾り松""立て松"。——译者注

15. 关于这个节日的更多信息，参见本书第 7 章和 Lucas（2018b）。

16. 关于初诣及其在文化和宗教传统之间的地位的更多细节，见 Ozawa De-Silva（2014）和 Porcu（2012）。

7 剧院和节日：表演和阈限空间

引言

各种形式的艺术和社会事件可以被理解为表演，它暂停了日常生活中隐性和显性的规则，以使人们进入角色。通常，我们会将表演与正式的剧院空间联系起来，在剧院中，表演者和观众之间存在着明显的区别。这种分离在人类学和建筑学中产生了许多理论，尤其是关于阈限的——关于界阈空间的理论。

最简单地说，界阈是一种空间条件和另一种空间条件之间的开口，例如一扇从外到内的门。不论是在乡村还是在城市，室内空间的行为规则都与室外空间截然不同。每个地方都有自己的行为标准。类似地，室内空间的定义也在不断增加，一个典型西方家庭的卧室、浴室和厨房被视为能够进行睡觉、洗涤和准备食物等活动。如果空间被认为具有这些不同的特性，那么它们之间的边界就尤为重要。

将戏剧和表演隐喻应用在我们向社会展示自己的方式上，也可以产生建筑上的影响，例如戈夫曼（Goffman）探究的舞台理论考虑了我们在社会条件下如何投射一个被构建的自我。它并不是一种虚伪，而是为每次互动而设计的有效角色，从而为更亲密的接触保留一些更深层次的感受。

本章讲述了可以扩大和利用边界条件的一些方式，从歌舞伎剧院的次要舞台和复杂的虚拟空间，到东京城市节日的无序时段，这种物理的和社会的阈限条件，让我们以完全不同的方式居住在空间中，代表了建筑学作为一门学科的基本元素之一。通过附带的插图——从建筑的、图解的到绘画的、符号的关于节日的探索，**图形人类学**（graphic anthropology）的某些潜力得到呈现。

奇观与社会

剧院是最古老的公共建筑形式之一，它长期以来一直与娱乐和城市功能联系在一起。剧院提供了研究场所的机会，它们以一种毫无歉意的方式围绕着一个壮观的景象而安排：视觉被控制和引导，声响被控制，场地周围的人流被精心管理。剧院空间的两个主要的组成部分是表演者和观众，他们都有自己的空间实践，并以截然不同的方式体验着建筑。

叙事和观看理论给了我们一些关于这一语境的洞见，在其中，观众对所观看事件的认同，可能会引发足球体育场中的种族意识，或是暴力电影中的不适感。在各种类型的剧院和体育场中发现的有意识的文化建构，可以用人类学理论来解构，以此来质疑我们人类创造的艺术品和表演中的深层含义和文化内涵。剧院和表演涉及一些人类学方法，特别是在视觉人类学中，基于镜头的纪实摄影和电影制作实践被用来探索受访者的生活世界。当一个假设的观众被囊括进来时，这就变得复杂起来了，因为作品有着将他者客观化的风险，使他们以殖民主义的方式被注视，而不是让他们发出自己的声音。

然而，这可以通过谨慎的协商来克服，这表明即使是当代人类学的主导性调查模式中也存在着复杂性，任何再现行为都可能以危险的方式将他者呈现为"猎奇物"，将这种他者性美化和浪漫化，并否定其人性和能动性。当建筑师选择和客户或社区的互动方式时，也会出现类似的问题：社区参与往往是一种验证形式，而不是真正的质询。

社会戏剧与阈限空间

维克多·特纳（Victor Turner）是表演人类学的一位重要作家，他将单纯对符号及其代表意义的讨论转移到了表演是如何被生产、欣赏和再生产的评论上来。表演代表了一组与本章其他日常情况研究不同的状态，从故事中产生意义的过程是一项重要而普遍的人类活动，它导致了戏剧和文学、音乐传统和电影、电子游戏及所有其他方式的出现。特纳看到了仪式活动和表演之间的联系，许多戏剧形式都根源于宗教实践（Turner，1987：24）。

这种仪式或神圣行为与平凡的生活事物之间的交叉联系对表演的研究来说是至关重要的，这种联系可以被理解为一种超常的东西，它建立了文化表演的范式及其在观众生活中的作用。这种观众和演员之间的相互依赖和相互建构的程度[1]，使其再次与英戈尔德的"人与环境共同建构"理念相联系。特纳发现，这种共同建构是通过一个界阈条件来调节的。他从阿诺尔德·范·热内普（Arnold van Gennep，1961）早期的民俗研究中提取出的阈限概念，将著名的"过渡礼仪"分成三个不同阶段：

（1）仪式将群体成员分成更小的群体，并将他们置于一个不确定的情景中，范·热内普将其描述为**中间域**（limbo）。

（2）存在着一个边缘感和阈限性表现最为强烈的新环境——一个介于神圣和世俗之间的空间，人们可以在仪式实践期间居住。这表明仪式实践可以通过一种扩展的界阈条件来调节两个世界。

（3）这个空间需要通过表演来维系。

特纳指出，各种流派在时间上有一个共同的结构，包括节日和更明确的戏剧表演。仪式和其他表演不是大众想象的那样呆板的实践。特纳提及了它们如何在拥有保持临界状态的元素的同时，又具有可变的、对自发性或是即兴创作开放的特征（1987：26）。

认为宗教仪式总是"僵化的""刻板的""偏执的"，这是西欧独有的偏见，是在基督教的内部斗争的过程中，仪式崇拜者和仪式反对者、偶像崇拜者和偶像破坏者之间特定冲突的产物。（Turner，1987：26）

尽管可能是显而易见的，但仍值得强调：适应性无疑是仪式本质的一部分，这是一个具有建筑意义的原则——适应性总会呼应情境，无论是物理的、文化的、社会的、政治的还是经济的。无论这种不稳定性属于哪种**类型**，都不会妨碍对仪式或表演的研究：也许可以讨论一个范围或轨迹，而不是明确指出某个表演的独特之处。

特纳发展了**社会戏剧**的概念，无论是根据戏剧原则组织起来，还是作为一种表述空间内其他既定行为的方式，社会戏剧在建筑表演中都是一种有用的框架工具。社会戏剧的结构是一个过程，是一系列从一个打破正常生活状态的触发事件开始的阶段（Turner，1987：34）。紧随其后的是危机状态，人们被要求参与其中。在关于仪式的讨论中，这种危机状态称为争斗阶段；在传统的文学叙事中，会遵循一个类似结构，即意外事件推动着叙事，以冲突作为关键来揭示人物间的互动。下一个阶段，纠正或调和这些冲突因素，然后重新融入一个和谐的整体。

> 文化表演的类型不是简单的镜子，而是社会现实的魔镜：它们夸张、颠倒、重组、放大、最小化、褪色、重新上色，甚至故意篡改、记载事件。它像是里尔克（Rilke）的"镜子大厅"，而不是简单的社会镜像。（Turner，1987：42）

如果我们要把像戏剧这样的正式表演理解为反映社会现实的镜子，就像上文中特纳所提到的扭曲和强调社会现实的镜子那样，那么，去理解围绕这些表演而发展起来的建筑就非常重要了。各种形式的剧院建筑已经在如何将叙事和社会现实组成连贯形式的问题上形成了理念。正如我们稍后会看到的那样，戏剧表演中存在许多种变化和选择，要求我们把握什么是道具，什么是故事内容。人类学家进一步讨论了这个隐喻——讨论了可以使用戏剧比喻来研究社会生活的许多方面这一理念。欧文·戈夫曼（Erving Goffman）特别发展了一个场景隐喻，用于描述人们在日常邂逅中如何向他人展现自己。我们使用一个适合社会情景的角色，带上一个面具，并保持着剧院里所看到的台前幕后的身体上和社会上的身份。

特纳最为人所知的成就是在人类学理论中对阈限的进一步发展。这之所以能在建筑中也产生影响，不光是因为类似术语的使用，还因为底层概念的重要性：从一种状态过渡到另一种状态。从日耳曼语中可以找到该术语的根源，脱粒是从谷壳中取出谷物的活动，通常伴随着剧烈的运动。这是一个揭示的过程，也就是说，隐藏的东西被显现出来了（Turner，1987：92）。特纳将日常生活描述为**不透明的**，意义是存在的但却被隐藏了起来；相反，社会戏剧就是**透明的**，它的意义是明显而清晰的，往往与日常活动相联系，但如果它们经常被赋予意义，那么就可能变得令人担忧。特纳认为，人际关系及其起源在社会戏剧时期被揭示出来了，但在其他时候则处于潜伏状态。

社会戏剧的概念有助于阐明界阈的深层可能性。许多社会联系和结构往往是隐藏起来的，而戏剧表演是彰显二者的方式之一：这种从不透明到透明的运动，揭露出了潜在的秩序。文化表演不是中立的，它们在一个社区里产生，是对潜在条件的回应，也是对公认规则的强化或拒绝。通常，社会戏剧可以加强每个社会里的规范地位，重申已有的社会秩序，甚至它会提供一个出口或"失序的日子"，让社会中最贫穷的成员可以感觉到自己在这一天里翻身做主。这种表演既受控也受限，意味着你可以与众不同，但只限于这一天。

社会戏剧不仅是简单地揭示了社会结构，而且还刷新了人们对社会结构的规则和约束的关注。表演的规律性是很重要的——事件的连续性和持久性是它运作的重要组成部分。这种规律或重复甚至存在于世俗仪式中，例如每年的学术毕业典礼。通常情况下，大部分参与者只毕业一次，但主持人员和学术队伍却保持了这一活动的连续性，确保了社会戏剧的可持续性。

能剧和歌舞伎里的剧情空间和阈限

日本建筑师隈研吾在描写能剧[2]表演剧院的设计时，重点关注了舞台内外区域的界阈。和日本其他戏剧传统一样，舞台包括了前后台之间的额外区域。它通常被设计成从舞台延伸到入口的长廊或狭窄的走廊，是额外表演的场所。在歌舞伎中，这些表演作为对角色的介绍，让观众对他们会如何加强叙事的展开建立期待，同时也使打破"第四堵墙"成为可能——与观众直接互动以及对主舞台的微妙削弱。在本质上，这是关于特纳对阈限之讨论的一个建筑实例：后台和舞台之间的空间作为一种物理间隔的延伸，让辅助表演得以在此进行：

通常，一个戏剧舞台意在代表世界。舞台空间被划定界限，透视规则经常被用来创造深度上的错觉，进而更好地模拟真实世界。巴洛克式舞台是这一类型剧场的典型代表。相反，能剧舞台原本就是一个没有墙的开放空间。它并不意图成为世界的代表，因为世界显然就存在于舞台的另一边。（Kengo，2010：88）

圆形剧场当然在西方传统中占有一席之地，但演员登上舞台的方式却大不相同：能剧和歌舞伎舞台都有一个间隙空间，演员在登上主舞台之前都会在这里夸张地闲逛漫步。能剧舞台中有一个桥梁般的空间，元素的互相组合表明能剧是一种自反的戏剧形式——舞台不能完全替代现实，而是更广阔世界中的某个地方——行动在舞台之外依然持续着。

叙事空间是电影理论中常见的术语，我们可以根据这一术语来讨论上述观点。[3]叙事空间指的是表演空间，而非叙事空间则是行动之外的领域，由戏剧中的一些线索所暗示。更重要的是，在某些情况下，额外的叙事空间是验证剧情的必要条件，因为它表明剧情并不发生在真空中，还有其他生命和其他地方与此相交。这种情况通常出现在幻想故事中，即构建世界是整个故事的重要组成部分。如果观众不再相信故事所设定的世界，那么故事就会丧失权威性，因此，线索和暗示就会被用于显示其他生活和故事可能发生的地方。

克里斯蒂安·梅茨（Christian Metz）[4]是将符号学理论运用于电影中的先驱之一。梅茨用"叙事"这一术语来表示故事内容。在电影中，叙事是电影外延的总和——旁白、虚构时空以及观者所接收到的故事。因此，叙事是基于故事的想象结构；它是故事之外的想象空间。叙事是一种隐性系统，随着电影的发展，叙事将变得更加隐性（随着电影的开始，需要建立镜头来勾勒叙事空间的参数）；当我们对特定电影的世界了解更多时，我们便可以作出更多的假设。

与其他术语相反，我们可以进一步定义叙事的概念。叙事时间并非必须与电影的话语完全相同，例如斯坦利·库布里克（Stanley Kubrick）的《2001太空漫游》，它的叙事时间跨越数千年，而电影话语却发生在几个小时内。"叙事"这一术语主要用于前卫电影，戏剧化的叙述不一定存在于这些电影中，实际上也很少"发生"，但通过叙事具有了意义。在这种方式下，"叙事"一词更接近建筑领域，建筑不一定具备戏剧性的叙述，但却有隐含性的叙述。正如叙事电影一样，建筑被应用在"创造世界"[5]的活动中。建筑可以暗指另一种超脱尘世的感觉，一种境界感。观者所接受的建筑经验的总和，暗指了一个基于或违背这些规则的外部世界。

在梅茨对**自动拍摄**的讨论中，他描述了一次不同于其他的单独拍摄。他列出了一份不同于电影一般流程的此类镜头的目录。**非叙事性**镜头是指不推动整个电影的叙事，也不符合整体叙事的插入镜头，如爱森斯坦（Eisenstein）的**蒙太奇**（Montage）[6]。**主观插入**是叙事中的一个镜头，但它完全是主观的，就像梦或幻觉；**替换叙事性插入**是指在空间上或时间上从语境中被替换的镜头。最后，**解释性插入**是指这样的镜头：在其中，地图或报纸等材料从虚构空间中被提取出来以便作进一步的解释。

这个分类存在一些问题，可能会过于绝对化。自动拍摄对于短暂插入的限制尤其成问题，而更长的电影片段可能会以这种方式进行拍摄。但无论如何，叙事和叙事空间有助于构建故事空间的概念，并为剧院的实体建筑及其他表演和展览的空间形成了一个有益的框架。

欧文·戈夫曼的**框架分析**[7]程序为戏剧提供了更具体的进一步分析，这次是歌舞伎传统，在与武士传说有关的故事中，演员们不戴面具，而是靠化妆来吸引眼球。戈夫曼在戏剧框架的写作中注意到了歌舞伎剧场的复杂性，某些活动可能会打破"第四堵墙"的惯例，让演员通过直接对话与观众接触。一般来说，戈夫曼的框架理论阐述了不同参与者参与同一事件的方式。表演在这些不同的群体中给予了显著的划分：表演者、观众和前台工作人员，他们都像是透过不同的滤镜或镜头来体验着同一个地方。

剧场是一个理想的案例研究，通过考察拥有不同兴趣和不同角色的参与者，来研究事件是如何被构建的。虽然这一点在这里很清楚，但我们可以简单地将这个观点扩展到其他建筑类型：住宅、机构、商业或宗教建筑。根据建筑使用者的定位，每个类型都有不同的居住方式。戈夫曼认为，我们有时通过主导的或**主要的**框架来阅读我们的环境，因此，去不同于自己传统的宗教场所参观的人，可能会通过自己的信仰来构建或解释他们的际遇，为他们所参与的各种宗教实践寻找类似的经验。与此类似，一个训练有素的建筑师往往通过专业的框架来架构他们对宗教建筑的欣赏：出入口、装饰、流线、光线、空间和气氛，所有这些都是抽象的建筑特质。建筑作为一项职业或一种实训，可以被理解为一组框架，这些框架本身可以重叠并补充其他框架。这一主导框架是戈夫曼定义的**关键**，成了其他框架的参考点。

戈夫曼通过描述多重框架的层叠来解释这一问题（Goffman，1974：82）：我们可能同时运用几种形式的理解。在这里，通过框架分离事件是以意图为基础的。排练是不同于表演的，即使所有动作和行为都一样——因为它们的框架是不同的———一次作为练习，变成嵌入记忆的材料，另一次则是为当时在场的观众进行的独一无二的表演。

东京的歌舞伎座（Kabuki-za Theatre）（图 7.1）将框架、叙事和阈限这些元素结合在一起。灯光是亮着的，不是我期待的像西方剧场那样昏暗。尽管该剧院具有古典主义性质，但仍有一些观众从人群中用呼喊鼓励的形式参与其中。演出被组织成一幕幕的精心表演，这些表演是分开的，这样就可以出售单幕表演和整个表演的票。

日本文化符号被用作舞台设置的一部分，因此，脱鞋的动作可以有效地代表从外到内的过渡，而不需要使用任何景片或其他布景来描述从一个地方到另一地方的这段路程。这让舞台保持了一个随机应变

图 7.1 歌舞伎座舞台的平面轴测草图

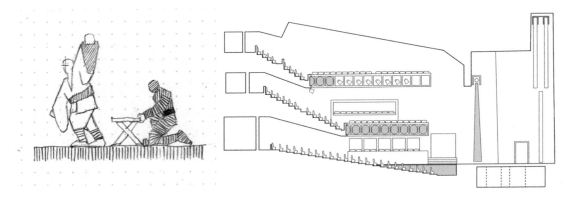

图 7.2　舞台管理人员和演员之间
互动的图示

图 7.3　歌舞伎座观众席的剖面示意图

的结构——由演员的行为来决定，而不作过于具体的规定。表演中常见的悬置在这里是存在的，也是正确的——观众必须关注故事世界并理解它的规则、捷径和便宜性。这在舞台工作人员身上表现得最为明显（图 7.2），他们从头到脚都穿着深色服装，配着各种道具和布景，默默地穿梭于舞台上下。当需要的时候，他们蹲下，保持静止和沉默，但黑暗没有使他们退去，观众只需理解他们是表演的一部分，而不是故事的一部分即可。

　　这涉及前述关于叙事的讨论以及叙述理论的各种因素。道具师是剧场整体构成的一部分（图 7.3），但不是叙事的一部分——他们在故事中没有角色。类似的非叙事性角色也可能是音效和音乐家，他们占据着舞台一角，观众完全可以看到他们。歌舞伎表演揭示了它的运作方式，坦诚地说明了强化叙述所需的元素，并期待观众去理解谁是叙述之中的部分，谁又是叙述之外的部分。

　　角色的精致妆容和服装伴随着一种深受影响的、人为的表演方式。半唱半说的对话远非自然主义的；正式和服的结构化织物及各种道具和凳子都强化了动作效果，使演员摆出并保持更戏剧化的姿势，将演员呈现为某一角色的详细图解。

　　因此，表演符合歌剧的特征——舞蹈、戏剧和音乐元素都以一种受控的、精心分离的方式组合在一起——这些元素以某种方式彼此分离，这不禁让我们想起电影制片人谢尔盖·爱森斯坦（Sergei Eisenstein）的蒙太奇理论。男主角有时会使用高音、颤音，声音中有一种受控的嘶哑，这就是罗兰·巴特（Roland Barthes）所说的这种表演的质感。[8]

　　我想勾勒的就是这种置换，不是在整个音乐上，而是仅仅涉及声乐（独唱或旋律）的一部分：非常明确的空间（体裁），在这种空间中，一种语言与一种噪音相遇。我将立即赋予这种能指一个名称，在这个能指上，我认为，民族习性的意图可以被清除——因此，形容词也就没有了。那将是微粒：当噪音处于语言和音乐两种姿态、两种生产状态的时候，那就是微粒，噪音的微粒。[9]（Roland Barthes, *The Grain of the Voice*, 1977：181）

　　舞台空间和观众席的空间，在叙事上是复杂的：

　　舞台下：鼓、长笛、打击乐器的声音和观众参与的欢呼声。

舞台上的非叙事：道具手、弦乐器、旁白。

舞台上的叙事：声音效果。

叙事空间：舞台上的演员。

间隙空间：演员们进入观众席的长廊。

舞台的主要叙事空间根据场地规划会有所不同。鞋子、服装和垫子都被用来定义空间。舞台上的漫步进场是一个特别有趣的元素，与摇滚乐队在大型舞台演出中的登场有一些相似之处。这个空间的平行性质允许演员通过过度的表演来抢同事的风头，通过这个平台多次出场和退场，给整个过程增添了喜剧氛围。

歌舞伎舞台的复杂性具有启发性，因为它揭示了许多其他戏剧形式的隐藏运作。虽然采用同其他舞台一样的设计参数可能也是可行的，但歌舞伎却使其舞台完全通透，既在我们的世界里，也在故事世界中。观众和表演者之间有一种共同的自负，即我们会忽略舞台管理者和音乐家的存在，建筑的入口仅仅指向人们脱鞋的地方，精力充沛的表演可以以一种延伸的阈限置于内与外这两个空间之间。

三社祭 [10] 如何塑造浅草

三社祭是一个更详尽的实例，城市中的浅草区在一定程度上通过每年举行的节日来保持其强烈的身份认同感。这是一个将表演和仪式变得灵活，从而适应参与者需求的例子。通过将临时设施、可移动的结构和人的身体作为建筑环境中的因素，三社祭阐明了一个更广泛的概念，即建筑和城市设计由何构成。三社祭是一个以社区为中心的活动，社区协会发挥了关键的作用。它最初可能是一个奇观，一个非凡事件，但我认为，实际上，一种高度的日常性才是这个节日的核心，这有些类似亨利·列斐伏尔所观察到的那样：

节日与日常生活的不同之处仅仅在于力量的爆发，而这种爆发是在日常生活中通过其本身缓慢积累的。（Lefebvre，2014：222）

节日与日常生活形成了强烈的对比，但它们并没有脱离日常生活。（Lefebvre，2014：227）

浅草的身份显然属于"下町"（shitamachi）或下城［相对于统治阶级位于市中心的"山手"（yamanote），这些地区现在被著名的山手线列车所包围］。这种身份被保持着，就像打扫、整理和修缮自己的房屋一样——节日是一个类似的活动，通过参与大型庆祝活动来恢复社会联系。

社区协会（简称 NHA）在节日活动组织中发挥着作用。这些协会是半官方组织，在日本社会中扮演着各种角色。在东京，NHA 趋于更大的规模，200 多名协会成员已是常态（Pekkanen，Tsujinaka & Yamamoto，2014：20；Bestor，1990）。社区协会目前的形式源于帮助农村移民融入城市生活以及加入城市卫生协会的努力，在 1920 年代的几次疾病暴发后，它成了一种必要的组织（Schmidtpott，2012：125–147）。由于会员人数非常多（在近期调查中超过了全体居民的 90%），协会的民主程度存在一些争议：领导层不受管制，在某些情况下围绕当地的土地所有者等既得利益集团进行活动。社区协会具有一系列职能，包括预防火灾和犯罪、帮助老年居民以及组织节日活动等。它们通过会员费（一般不多，月费大约 500 日元到 1500

日元[11]，除非有大规模筹款的需求，例如建造新的神舆[12]或便携式神龛）和地方政府的一些拨款来支持自己提供一些服务。施密特波特（Schmidtpott，2012：134）详细指出，从1920年代开始，社区协会的责任就包含了社会义务，例如对出生、结婚和死亡的正式祝贺或哀悼以及为军人举办告别和欢迎回家的聚会。然而，这并不是全部责任，社区协会还有一个更实际的责任，即关注卫生和防火措施，这使得协会成了一个额外的政府组织。在这里，我们主要关注社区协会在组织公众节日中的作用（图7.4）。它在其中充当了一个协调神社、警察和消防部队的要求的渠道，以确保公共安全。

虽然神社协会也参与节日的组织，但该组织的大多数成员属于社区协会。三社祭就是如此，社区协会的人数远超神社协会。三社祭日历上的一项事件在周五晚上进行，此时主要的**神舆**游行的准备工作也在进行。每个协会都会把一群年轻人聚集到总部，给他们一些钱袋。然后，这些团体依次拜访邻近的协会，把这些祭品送给他们的同行，并表示敬意。这样就将一个社区的年轻人介绍给了另一个社区的老年人，期待通过互赠礼物和回赠建立起一个睦邻关系网络。[13]

根据约翰·海利威尔（John Helliwell）和罗伯特·普特南（Robert Putnam，1995）的研究，佩卡宁、辻中和山本将其描述为社会资本。社会资本是指人际网络，它必须在时间的推移中得到维持，并通过社会活动的开展而建立——就如本案例中的节日。尽管那些顽固的居民会对参与社区协会的其他工作怀有质疑，但三社祭却把更多的这类人带到了街上。在不变得过于严苛的前提下，互惠和信任是最关键的，抬着**神舆**在台东街道上巡游的方式就象征着这一点。社区

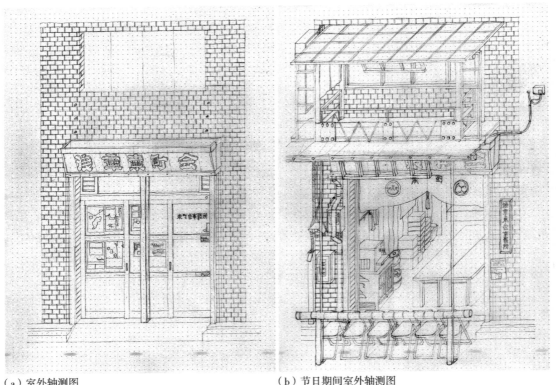

（a）室外轴测图　　　　　　　　　　　　　（b）节日期间室外轴测图

图7.4　社区协会

协会的当代活动，比如上文提到的 1920 年代的工作内容，读起来就像是一份如何实现社会凝聚力的清单（Pekkanen, Tsujinaka & Yamamoto, 2014：61），鼓励不考虑金钱利益的面对面的互动与合作。通过协助组织节日、体育活动，睦邻维护和预防犯罪，社区协会不仅确保了自己在社区里的重要作用，而且自身也成为一个共同体——一个在公益活动中发挥良性和有益作用的存在。

值得注意的是，节日管理不光像报道的那样一直是社区协会最重要的功能之一，它还与一些活动并列，如照顾老年居民，确保废物回收，维持公园按序使用以及防火措施的持续更新。在这些组织结构中，邻里的社会和物质福利的不同方面被结合起来了。

三社祭是东京浅草区一年一度的节日。浅草是东京城市中最古老的地区之一，是最初发展为江户，而后又被德川幕府命名为东京的渔村的所在地。浅草是**下町**的主要地区，是工薪阶级的中心城区，有着不同于城市其他地区的特点（Jinnai, 1995；Lucas, 2009）。它也曾是城市的娱乐区域，一个被石黑一雄和川端康成等作家以及喜多川歌麿和葛饰北斋等艺术家所赞颂的传说中的浮华世界。该地区之所以能保持它的身份特色，一定程度上是因为每年的神道教节日——庆祝大约公元 628 年浅草神社[14] 的成立。当时，渔民在隅田川（Sumida-Gawa）发现了慈悲之神观世音菩萨的铜像，在保留它并决定为它建一座神社之前，该铜像被抛弃了三次。浅草寺通常被视作东京最古老的寺庙，其现存结构可追溯到 1649 年，在 1657 年的明历大火、1923 年的关东大地震和"二战"期间的"东京大轰炸"等事件中幸存了下来（Cali & Dougill, 2013：63）。

这一节日活动于每年 5 月在浅草区（浅草区是该市 23 个区之一）举行，为期 3 天，有一系列的游行和庆祝活动。这片区域的中心是浅草寺和浅草神社的综合体。这个神圣的区域包括佛教寺庙和神道教神社，这是日本普遍存在的一种情况，在这里，多种信仰体系在不同个人和不同群体之间共存。经典的划分是佛教掌管出生和死亡仪式，神道教处理日常生活（Ashkenazi, 1993：16–22）。这当然是一种简化，但很有用。

通往神圣区域的路线（图 7.5）是"仲见世"商业街（Nakamise Dori）——一条长长的步行街，低层商店和食品店林立，所有的房屋都是波纹金属板建筑，根据季节加以装饰（例如阴历新年的十二生肖，或四月盛开的樱花）。正如斯蒂芬·罗伯逊（Stephen Robertson）所记录的那样，这种商业街（shotengai）或购物街是日本城镇的共同特征，具有鲜明的特征和竞争性。在此，仪式商品、传统手工艺和食物以及最新的卡通人物纪念品和游客商品被一起进行售卖。这条街竖立着两扇巨大的门，门上还挂着大灯笼，两旁矗立着代表雷电的凶猛雕像。在节日的前几天，在寺庙和神社周围会摆设街边小吃摊，给这里增添节日气氛。这些小贩总是从一个节日游走到另一个节日，因为许多小城镇和城区都会按照单双年份交错举办活动。

三社祭从周五下午的游行开始。这支队伍由浅草的不同行业和传统的代表组成，沿着"仲见世"商业街行进。人群聚集在一起，身上带有节日标识的典礼官们将人群围起来：三艘渔船的船头围成一个**家纹**（mon）[家族纹章或盾形纹章，与欧洲的那些最为接近——更多详情参见床吕郁哉（Ikuya, 2001）]。游行的关键参与者包括：神道教祭司（**神职人员**[15]）；舞狮人、**长笛**（shukahachi）和**拍板**（binzasara）[16] 音乐家；载着鼓手的彩车；身着传统服装、头戴草帽唱歌的渔民代表，艺伎及其随从；穿着饰有壮美苍鹭服装的舞者（在日本，苍鹭和打渔文化有着特殊的联系，一些城镇仍然用受过训练的苍鹭来为人们捕鱼）（图 7.6）。游行队伍绕着

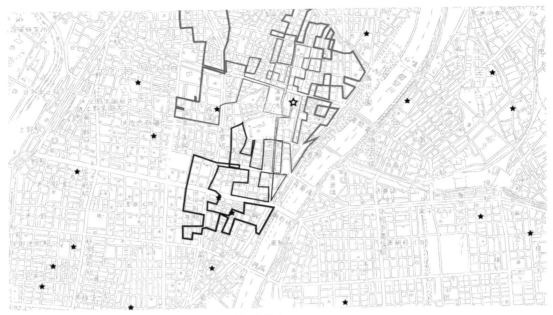

图 7.5　周日三社祭的路线图示例；每年都会作轻微修改

（a）社区协会成员

（b）音乐家和舞者

（c）艺伎

（d）苍鹭舞舞者

图 7.6　作者拍摄的游行照片

浅草寺正面走向浅草神社，那里有一个朴素的露天舞台，在那里，各种音乐和舞蹈表演依次进行，节日典礼官们会为之后的日子做准备。这个节日最初的部分是有序而庄严的：路线是规定好的，节奏缓慢，与接下来几天的繁荣热闹形成对比。

在周五的主要活动开始前，三座主**神舆**（便携式神龛）就已经准备好了。**神舆**类似于神道教神社的微缩模型（图 7.7），由漆木建造而成，饰有黄铜配件、绳子、铃铛、灯笼和纸丝带，由一组搬运者用长横木进行搬运。从小孩的版本到每个社区使用的标准尺寸，再到更大神社的**大神舆**（Ō-Mikoshi），神舆的尺寸各不相同。周四晚上，在精心准备的仪式上，**神明**被安置在**大神舆**内，仪式让整个神社区域都陷入了黑暗。

这些**大神舆**属于浅草神，代表两位渔民兄弟和一位土地所有者，他们拥有**神明**的身份[17]，名为：

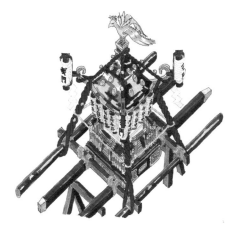

图 7.7　一座社区神舆的轴测图

桧前武成命（Hinokuma Takenari no Mikoto）

桧前浜成命（Hinokuma Hamanari no Mikoto）

土师真中知命（Hajino Matsuchi no Mikoto）

浅草的**神明**被认为是不同寻常的（尽管不是独一无二的，但他们的地位特别适合这个地区），因为他们是三个被提升到"神明"这一地位的工人阶级或商人阶级，故被称为"三社"（Sansha）或"三社权现"（Sanja gongen），这是佛教和神道教传统的重叠部分。三个渔民的形象是由一位僧人雕刻的，这些艺术品作为纸神（kami）延续至今。在把**神明**安放进神社之前，作为祭典组织委员会成员的当地居民会参加**神舆游行**。准备工作（图 7.8）主要包

图 7.8　作者拍摄的在街边为神舆进行的维护和准备工作

括一些实用性措施，例如安装照明、修理电线、抛光和其他维护工作。与此同时，一群身穿节日服装——日本短褂的人（根据他们所代表的浅草区来着色和装饰）聚集在一起，准备举起沉重的神舆，围绕浅草列队游行。这场聚会热闹而欢乐，男女老少都有，代表着社区的风貌。

人们通常把**神舆**描述为神圣的轿子，类似一种可移动的建筑。神舆的漆饰屋顶上装饰着巨大的勋章，上面或刻有社区的家纹符号，或表示被供奉**神明**的正式等级；高度装饰性的神社内部构件上描绘着神话中的神兽，通常还有微型台阶和**鸟居**[18]（torii），顶部立有**凤鸟**（Hōō，类似于凤凰）和名叫**组房**（himo fusa）的宽编绳索，绳索上挂有许多**铃铛**（suzu）（图 7.9、图 7.10）。只有在节日期间，**神舆**才会完全被视作神圣的；在不使用的时候，就储存在一个方便的地方（例如存放在浅草地铁站的一个玻璃展示柜里）。

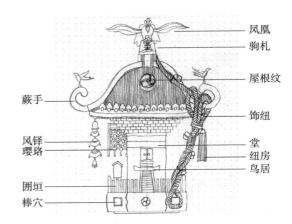

图 7.9 神舆各部件图

祭司从神社里走出来，穿着全套的传统服装，戴着纱帽，穿着漆木屐，拿着在主神社祈福过的**常绿杨桐**（sakaki）的小枝（Ashkenazi, 1993：31）。他的职责是安置或邀请**神明**进入神社，意味着**神明**此时在**大神舆**内。祭司为这个便携式神社和聚集的人群祈福，与组织委员寒暄，他们通常在一个开放式的一层零售区接待**大神舆**。在整个祭典期间，这些用作休息点

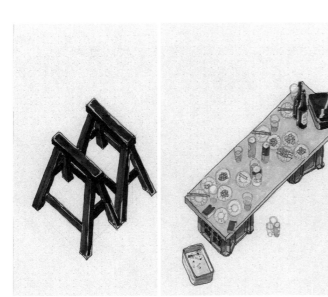

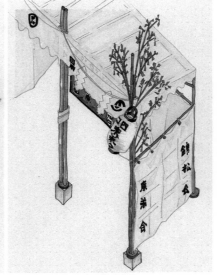

（a）神舆支架 （b）特定的野餐桌 （c）临时篷布和脚手架围柱

图 7.10 三社祭期间的物质文化、街道装饰和财务招领

或停留点的房子或单元被称为**神舆宿**［Mikoshi-shuku（Ashkenazi，1993：58）］。这是至关重要的，因为该节日旨在确保浅草区来年的良好贸易。这是该节日的务实性和功利性的意图，神舆所在的位置反映了这些目的。

邻里们聚集围绕在协会办公室周围（有时是永久性的空间，有时是临时占用的空间，比如一间空的商店或车库）。参加游行的人身穿代表社区的颜色的服装，由最有经验的人指导他们举起神舆。这可不是一般的技艺，据报道，有些神舆重达 5000 公斤。在这个过程中，有人在喊：

"wasshoi wasshoi"

或是在浅草更普遍的喊法：

"Say ya，soi ya，sah，sorya"

这些喊叫声用来协调举起**神舆**的动作。与此同时，游行队伍中会有一名成员用扇子打手势和敲木块以指挥人群，用的是鼓励的方式而非直接的命令。通过这些方式，**神舆**和其他主要神龛一起到达浅草寺的大门。搬运神龛的运动特点是前后左右的停顿，由此而带来的摇动是让铃铛作响的必要条件，这象征着神龛里**神明**的存在。

周六的活动更加热闹，包括浅草街道的狂欢，因为神舆代表着其他 44 个地区都汇集在了这个社区。在活动的这个部分，**神舆**被许多黑社会团体接管，他们公然展示他们的特色纹身，作为对当局的一种挑衅。三社祭充满活力的本质反映了祭典的都市模式，它开始影响日本其他地方举行的较为肃穆的节日活动（如同阿什肯纳兹提到的，Ashkenazi，1993：49-64）。尽管一些祭典已经持续几个世纪了，但它们的形式可以并确实发生了变化。最近最显著的一个变化与"二战"中的事件有关。政府把社区协会纳入了战争的组织和招募工作中。战后，许多祭典不得不重新建立，并以修改后的形式出现，尤其是当它们在战时宣传中的做法损害了协会的声誉（Pekkanen et al., 2014：16-17）。

周日的游行遵循既定路径，这些路线每年会为三个**大神舆**作修改。其中包括为儿童设计的小型亭子、载着音乐家的车子和临时舞台（图 7.11）。

街上挤满了狂欢者。浅草神社的三个**大神舆**不是通过空间，而是通过一种媒介移动的———一种由人群组成的媒介。这座移动的神龛在后街和大道上来回穿梭，在往往十分拥挤的人群中产生涟漪效应。在拥挤的节日街道上，人们的活动不会受到第 6 章讨论的独自行走或小团体行走那样的影响———占用行为的密度完全改变了活动的性质。因此，需要借鉴詹姆斯·吉布森的另一种空间系统，也就是他所研究的**表面、介质**和**物质**的

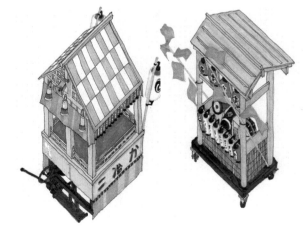

图 7.11　临时舞台的图示

三位一体概念［James Gibson，1983（1966）］，而不是空间讨论中主导性的笛卡儿坐标。吉布森的三位一体概念和英戈尔德后来的演绎（Ingold，2000）给了我们一个空气、阻力和摩擦的世界，而不是抽象的坐标和形式。

表面、介质和物质三位一体的概念在城市领域的叙事和感官交互中特别有用（Lucas，2012），与无差别的传统几何空间相比，媒介提供了一种不那么同质和抽象的概念。介质具有流动和阻滞的特点，空气也是如此——我们不会穿过地球坚硬的外壳，而是与不同孔隙度的各种表面接触。

在一天快结束的时候，浅草神社和浅草寺的神圣区域被移动围栏封闭了。这个围栏是由警察和节日官员安排的，高高的金属盒子被移动到场地里，以此来聚集人群，并允许游客继续参观神社。游行的最后一部分是将**大神舆**带回神社：社区协会的成员、地方政要和祭司组成了游行队伍，但这是一个行动缓慢、行进拖沓的活动，缺乏周五游行的正式感和肃穆感。游行时间定在日落时分，用挂在长竹竿上的灯笼照亮道路。三社祭节日的特点之一是精疲力尽——它用尽了能量，故无法以一个高潮的庆祝作为结尾。游行队伍的通过标志着祭典的结束，而后人群就开始喃喃细语。人群穿过神社，向主要街道分流移动，这时，街道的交通已经恢复正常，成为回归常态的最终标志。

具身化的城市主义

我认为，三社祭是将城市主义具身化的一种形式。我在这里引用了一些文献，是关于如何确认我们的身体拥有了知识或肌肉记忆的——手和眼睛通过训练所掌握的技能，就像它们作为记忆存在于大脑中一样（Sudnow，2001［1978］；Pallasmaa，2009；Sennet，2008）。与其说具身化的城市主义是我们开展日常生活的基础，不如说它是一种不断出现、形成和共同创造的条件。这是基于日常生活去塑造城市，有时候是以一种充满活力的方式，就像三社祭一样，但通常是以一种更小规模的方式。城市主义和平民主义是表演出来的，而不是遭遇的既存事物，一旦我们举办另一种活动，打破了游戏的正常规则、以占领的方式更充分地占有城市，这种表演就会被展示出来。从根本上讲，人类存在于空间中——通过聚集展示一种共性、一个社区（图7.12、图7.13）——是一种使其具有意义的方式。通过表演对于一个地方的集体归属

图7.12 三社祭参与者的水彩画研究，展示了日本短褂和其他用于标示从属团体的服装使用

图 7.13　作者拍摄的三社祭的图片

感、对这个地方的占据，这个地方也反过来归属于社区。

在三社祭中，**神舆**受到的重力通过承载者转移到拥挤的人群中，人群就像是吉布森的**表面、介质和物质**的空间三位一体概念中的物质——作为媒介，最终变成流体。这个介质虽然可以小心地寻路通过，但有时也会遇到阻力和障碍，而其他时候你则被主流所吸引。吉布森的三位一体概念，让我们得以理解一种元素如何在特定时间内依据自身状态而重新分类。当人们作为大群体出现时，他们就可以充当媒介；当他们举起沉重的**神舆**时，他们充当了物质；

当他们穿着装饰有可以区分所属区域的标志和颜色的服装时，他们又成了表面。

结构图可以描述搬运**神舆**的一个重要方面。图 7.14 说明了便携式神社的重量如何在承载者之间分配。在许多方面，这种类似于哥特式窗户的结构特性，即窗棂将上部砖石和屋顶结构的荷载分开，就像一棵倒立树木的分支那样将其分散开来（图 7.14）。在搬运神舆的例子里，这是一种活荷载：一个用于讨论移动的物体的术语，和石头或快速形成的积雪这样的静荷载不同。当人们简单地搬运**神舆**时，荷载被均等地在参与者之间分配，每个搬运者都承担相同的荷载份额。但情况并非总是如此，为了取悦神舆里面的**神明**而推挤这座神圣的轿子，是承载**神舆**之实践的一部分。这样的取悦往往通过跳跃的步态来实现，同时有节奏地将**神舆**从一边倾斜到另一边。但前后颠簸的效果并不是故意做出的，它会导致危险的倾覆，并且很难恢复。

当承载者（图 7.15）将**神舆**倾斜时，一侧暂时减轻了所承担的重量，而另一侧则承受双倍于通常的重量。反过来，当轿子从一侧摇晃到另一侧时，增加的重量就由另一方承担。这些行为让挂在**神舆**绳索上的铃铛叮当作响，也让神舆被高高举起，从周围观看节日的人海头顶举过。

森（Sen）和西尔弗曼（Silverman）认为，具身化有两个方面：

一方面，具身化某事是表达、是拟人化，给予概念一个具体和可感知的形式，这个概念可能只存在于抽象层面。

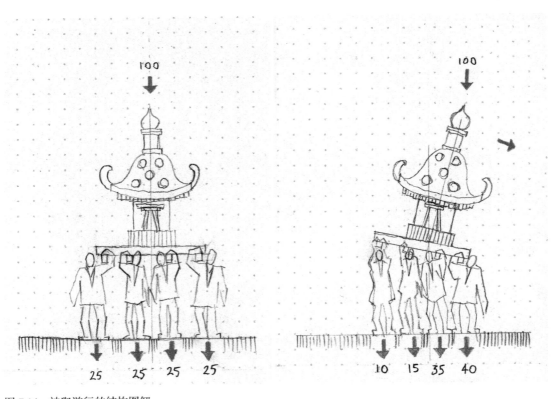

图 7.14　神舆游行的结构图解

另一方面，"具身化"也意味着成为身体的一部分的艺术。作为一种结合行为，具身化让我们得以看到场所在人类主体形成过程中强大的意识形态作用。换句话说，场所体验可以构成我们对于个人和公共自我认同的重要部分，并将我们置于更大的社会语境中。（Sen & Silverman，2014：4）

从第一种意义上看，浅草的具身化可以说通过精心部署游行队伍和大量观看游行居民的身体，在更大的都市内为社区概念及其独特的精神赋予了形式。节日使社区变得可视化。[19]但从第二种意义上看，它是关于更大群体的自我构建。

这里需要强调森和西尔弗曼论点的一个部分："转瞬即逝的片刻"由此产生了一个

图 7.15 神舆承载者的轴测图

新场所、新语境、新行为和新意义。这是一个强有力的论断，提出了几个长期存在于建筑争论中的问题：建筑**意义**的本质是什么？例如构成新场所的方式是什么，这一构成时刻如何与预先存在的环境相互作用等。"语境"是迄今为止最具启发性的术语，因为它仍是通过建筑设计实践和建筑话语所讨论的空间的基本问题之一。

森和西尔弗曼对具身化的研究（Sen and Silverman，2014：20），试图在某种程度上将这个术语从身体的物理层面剥离出来，转而指向那些身体正在做什么、它们存在和干预的结果是什么。把人类身体的物理层面从一场旨在恢复其当代理论地位的讨论中抽象出来，这可能是有问题的。这表明了建筑和人类学中潜在的张力，这也正是我在这里想阐述的。建筑通常从实践中抽象并消除了真实的身体。因此，我们需要更深入地探讨空间可能被建构的不同方式。对于包括了人、社会和文化的建筑，它必须理解身体产生空间的方式，无论是世俗意义的还是奇观意义的。

具身化表明了身体可以作为一种稳定或固定的实体的观点。建筑史上充斥着人体被作为模型、作为一种比例系统、作为经常提及的建筑人体尺度的衡量标准的实例。《维特鲁威人》（*Vitruvian Man*）、勒·柯布西耶的《模度》（*Modulor*，2000），甚至《度量手册》（*Metric Handbook*，Buxton，2015），每一项都延续了一个平均人或标准人的神话。这就导致了一种通过效率和比例而不是通过多样性与变量来将身体融入建筑的模式。

人类学提供的证据反驳了这种实用主义和静止的身体观点，并借此质疑了大多数建筑师所采取的方法。不过，将人体描述为一组维度也是有用的——虽然我对于在建筑中理解身体时将它们作为我们唯一的系统持批评态度，但它们确实满足了某种目的。正如布莱克曼（Blackman）对《身体》（*The Body*，2008）中关键概念的讨论那样，文本也是多样化的；伊恩·波登关于滑板者对城市的独特见解的讨论（2003），莎拉·品克对于家、身份和身体三者关系的讨论（2004）以及格拉夫兰（Graafland，2005）编撰的《建筑中的身体》（*The Body in*

Architecture），都意图让身体的意象复杂化，并讨论了身体与身份之间的关系。

　　这就是三社祭的一个特征——身份和社区的一种表达，通过身体的干预来表达与世界某个地方的联系。浅草是通过这些和其他活动来维护的，如果说三社祭是让东京的这一地区保持身份力量的唯一原因，未免有些言过其实，但它无疑是整个故事中非常重要的部分。从建筑上看，这个节日给予了我们另外一种空间模式。建筑是临时性的和可移动的；人体在建筑运行中的作用是明显的、可体验的和精疲力竭的。建筑的先锋派们长久以来都梦想着这样稍纵即逝的、能体现人民集体意志的建筑。这些想法通常会导致建筑师们设想出高度工程化的技术解决方案，诸如塞德里克·普里斯的**欢乐宫**[20]（Fun Palace）和其他类似的方案。像三社祭这样的活动表明，建筑师或许应该更细心地观察现有的城市条件，以全面理解这种实践如何融入社区和语境的本质。

注　释

1. 翁贝托·艾柯（Umberto Eco，1989）和安德烈·塔尔科夫斯基（Andrey Tarkovsky，1986）等人所采取的叙事立场也加强了这一点。参见 Lucas（2002），了解更多关于叙事理论在建筑中的应用。

2. 也经常被音译为 "Noh"。

3. 参见 Bordwell（1987）的叙事理论，虽然围绕电影架构，但也适用于其他地方。

4. 参见 Metz（1984）。

5. 关于这一点的更多信息，参见 Goodman（1978）。亦参见 Lucas（2018b），其中提取了三社祭和古德曼（Goodman，1976）的著作之间在剧本和配乐上的联系。

6. 关于蒙太奇理论和建筑之间关系的更多信息，参见 Lucas（2002）。

7. 参见 Goffman（1974：132–146）。

8. 关于声音的微粒，参见 Barthes（1977：179–189）。

9. 此段译文参照：罗兰·巴尔特. 显义与晦义：文艺批评文集之三. 怀宇，译. 北京：中国人民大学出版社，2018：264. ——译者注

10. 三社祭是日本东京都台东区浅草神社的大祭，在每年5月第三周的周五至周日举办。——译者注

11. 参见 Pekkanen，Tsujinaka & Yamamoto（2014：31–32）。

12. 神舆是神明所乘的轿子，当神像巡游时，人们将神像请到神舆上，再由众人抬起出巡。——译者注

13. 更多关于礼物的理论，参见第5章。

14. 浅草神社经常被忽视，因为该场地主要由更大的浅草寺主导。

15. 神主（kanannushi）之后是一个更有异国情调的人物：天宫。这个戴着面具的人物穿着精致的长袍，手持长矛或砍刀，脚踩高跷状的木凉鞋。天宫最引人注目的一面是他长着长鼻子的红色面具和凶猛的举止，在日本民间传说中，他是一个反复无常的、好战的山灵，有各种各样的伪装，有时更像乌鸦，是神道教中一些萨满教元素的主题［更多细节参见 Hansen（2008）］。这位精神世界的代表行走在他自己的路线上，独立于神舆游行，并由身穿白袍的神龛随从陪同，手持鼓和供零钱的礼盒。在人群中，他带着一种假装的不安，但在经过的时候也会给小孩子以祝福，给最勇敢的孩子恩惠，作为一种安慰。这种精灵的人格化在文学中被称为有争议的实体。这和节日的其他方面显示了精神和世俗世界的崩溃。

16. Groemer（2010）对拍板进行了尤其详细的描述。

17. 神是神道教中的自然神灵或次要神灵，有时是重要祖先的化身，就像这里一样。

18. 鸟居是日本神社的建筑之一，传说是连接神明居住的神域与人类居住的俗世之通道。——译者注

19. 在某种意义上类似于保罗·克利的格言，艺术不渲染已经可见的；相反，它使事物可见。它不是浅草社区精神的体现，而是对浅草社区精神的一种揭示。

20. 对普里斯作品的描述，参见 Hardingham（2017）和 Herdt（2017）。

8　餐馆，美食活动和感官建筑

引言

本章介绍了有关食物的准备与消费的建筑。作为人类生活的基础，这些日常事件常常被认为是理所当然的。食物的人类学理论需要适应广泛的实践，从而产生了诸如**美食活动**之类的概念，涵盖了从家常饭菜到正式餐厅之间的一系列情况。进一步的人类学方法把熟食和生食之间的关系复杂化了，根据假定的熟食之复杂性来定义文化是有问题的，像生鱼片这些食物就没有被考虑在内，在这些情况下，人们追捧的是精心准备的原料以及四周空间的布置，让用餐者品评原料的质量和新鲜度。不过，无论古迪（Goody）和列维－斯特劳斯使用的这些区分方法有什么问题，他们都准确地定义了饮食文化中那些有趣的因素。

本章讨论的第二个线索，是将用餐空间理解为一种感官建筑的形式。通过运用在研究城市环境之多感官属性期间发展出来的方法，本章介绍了一系列日本的**美食活动**，从正式的多道菜肴的**怀石料理**，到单道菜肴的餐馆，再到更加非正式的**居酒屋**这类饮酒场所和**屋台**这样的街头食品摊。将建筑理解为多感官的，可以让我们超越纯粹的视觉。建筑可以对空间通过其触觉和动力方面影响我们的方式加以设计。例如在一个礼堂的声学控制之外，决定一个场所听觉特征的可能因素有哪些，或者利用我们的热感和化学感来建立舒适度和场所感。

容纳美食活动的建筑为其他建筑类型的多感官解读提供了一个典型：餐厅和厨房是最深刻、最直接的感官建筑，由此提出了这样一种理念，即我们可以通过分析与记录的过程、诊断和先例以及直接实验和迭代设计来设计感官知觉。当然，这些经验也可以应用在其他地方。

美食活动

感官知觉和建筑通常被关于视觉的讨论所主导，但是，越来越多对于其他感官的研究已将其扩展到了对整个知觉领域的考量。尽管我们在家里、餐馆里和街上吃饭的体验十分普遍，但是味觉及其相关的体验仍然是被忽视的。

每一道菜肴中食物的消耗量是各不相同的，对此，乔伊·阿达彭（Joy Adapon，2008）参考阿尔弗雷德·盖尔（Alfred Gell，1998a）的"艺术与能动性"理论进行了有效的描述。烹饪体验的多样性可以有效地投射到能动性的图示上，这比阿达彭所描述的墨西哥烹饪传统的例子要深入得多。我们的饮食作为如此重要的人类活动，其方式却很少在建筑教育中被谈及，这是很奇怪的——人类基本的日常活动被抹去了，或者更糟糕地，被标准化了，忽视了这一领域中丰富的可能性。饮食具有社会性的含义，其空间在一种文化里尚且千差万别，更不用说在不同的文化之间了。哪些潜在的结构可以帮助建筑师设计出更具吸引力的烹饪环境？当我们坐在日本天妇罗餐厅的长凳上，在高档的米其林星级餐厅中体验精心建构的饮食仪式，从首尔的鹭梁津鱼市拿一条鲜鱼到楼上的餐厅去烹饪，或者从一个高效的现代主义餐厅的布局中，我们可以学到什么？

本章通过玛丽·道格拉斯、乔伊·阿达彭、杰克·古迪（Jack Goody）、迈克尔·阿什肯纳兹（Michael Ashkenazi）和珍妮·雅各布（Jeanne Jacob）等人类学家的著作，讨论了围绕着卫生、清洁、功能和秩序的一些潜在的社会问题。这些学者都考察了饮食与空间之关系的文化表现。本章使用了一系列日本餐厅文化的例子作为起点。与本书的其他方面一样，我使用的是自己的实地研究，主要涉及的是日本和韩国的调查。

饮食文化千差万别，但都明确地呈现出了以建筑为框架进行互动和交流的社交场合。建筑环境、烹饪和饮食之间的这种关系可以扩展到整个生产过程、城市农业的潜力等，但是在本章中，我想把焦点保持在日常生活上——围绕着饮食的社会交流形式太容易被当作是理所当然的了。从礼仪和礼貌行为的形式到点餐和买单的过程，用餐有其隐性和显性的规则。本章与其他两章有所重叠：关于住宅的**第 3 章**，关于交易和市场的**第 5 章**。考虑到这一点，这里的重点应当放在外出用餐的宜人空间上——从街头食品到正式的大餐。每个实例都将用于讨论餐饮和建筑之关系的不同方面以及其产生的社会语境。

这里用的方法是回顾关于缠绕、共同生产、地位和候选资格的物质文化研究方法，而不是把食物及其周遭的禁忌看作纯粹的象征。阿什肯纳兹和雅各布认为，禁止食用某些食物的文化禁令往往源于非常务实的原因，例如：让动物活着比宰杀它们更有价值（就印度的奶牛而言，优质肥料和牛奶的生产高于其肉的价值）；或者，若要解释美国人对于牛肉的偏好，其原因是可用的草地十分经济，而不是其与边境神话的联系（Ashkenazi & Jacob，2013：18）。

将食物置于人类学更广泛的物质文化讨论中是极有裨益的，因为它将对食物和菜肴的讨论（更不用说与它们相关的建筑表现）从象征主义和禁忌转向了机会主义、经济、便利和实用性。

杰克·古迪（Jack Goody，1982）是食物人类学的阐述中最重要的人物之一。他在象征性传统和物质文化传统之间架起了桥梁，既关注阶级问题，也讨论了食物制备方式的实践性。烹饪这一基本类别可以分为许多不同的做法，但核心仍然是对生食加热以使它们更可口的过程。他区分了"简单"和"复杂"的社会，它们要么通过**烹饪**，要么被认为有一道菜肴，其所在的复杂规则系统管控着食物制备和消费的社会与技术方面，其任务的专门化与社会的简单化是相对的。我们往往回避把对简单或复杂文化的描述作为文化相对主义，与当代人类学的规范相比照，因为那些让我们得以宣称文化之简单的假设，大体上都是基于浪漫和善意的假设以及殖民主义的态度。

古迪的作品也关注阶级，将其作为经济体系的表现形式，并把社会划分为直接收集食物来谋生的**生计型**文化，以及可能存在剩余和专业化，把农民、店主和厨师分开的**差异型**文化。对于为生存而进行的烹饪，其应有的质朴和几乎仪式化的菜肴提供了一种基于历史进程之叙事的理念，随着时间的推移，规则和偏好被建立起来，并被愈发深刻地加以编码。古迪的分类有一些有用的方面，但他的许多假设都是有争议的。

早期的人类学家也把饮食文化作为更广泛的社会特征的表征。从詹姆斯·弗雷泽和拉德克里夫·布朗（Radcliffe-Brown）早期关于禁忌的著作以及列维 – 斯特劳斯区分生食和熟食的基本原则开始，就有一个重点，就是将食物理解为符号象征，展示了社区持有的其他价值观。列维 – 斯特劳斯把火和生食向熟食的转化作为人类自身出现的核心。在《结构人类学》（1974）

的写作中，列维－斯特劳斯发展了一系列二元对立来描述菜肴之间的潜在差异。列维－斯特劳斯创造了"味素"（gustemes）这个术语，用以类比对其工作颇有影响的符号学理论中的语言元素，他的描述涉及以下要素之间的区别：

（1）内生／外生原料（本土的或异国的）；
（2）菜肴的中心／外围成分（主食以及配菜）；
（3）显著的／细微的味道（浓或淡）。
（Lévi-Strauss，1974：86-87）

这种二元对立在当代人类学中已经失宠，而且现在被视为太过决定论了，是相当有问题的。然而，寻找像列维－斯特劳斯的"味素"这样的抽象结构和分析单位这一目标仍然具有一定的价值，只不过它必须通过与更广泛的社会世界交缠而加以复杂化。列维－斯特劳斯对于**生的、熟的**和**腐烂**的这些类别的建立是有益的，如果以一种细致入微的方式来理解，**文化或自然转变**的过程可以被图解式地加以梳理。它形成了讨论干燥过程的基础，而这个过程可能被视为一种通过自然过程或发酵来进行的烹饪，目的是阻止生食的腐烂。对于其中所有的三层次划分而言，列维－斯特劳斯的图解都基于一组二元对立：**自然或文化转变**。而看得越多、观察和参与得越多，这种对立就越难以支撑——人类生活完全是世界的一部分，而不是与之分开的——将某些东西描述为是只属于文化的，可能会有碍于对其整体生态进行更全面的讨论。

菜肴不仅是阶级划分的反映，而且也按同样的原则运作，是同一个整体系统或经济的一部分。阶级分裂在剩余社会中运作；专业化是其中的一个重要因素。富人可能会获得更高质量（和数量）的食物，并通过消费这些食物来表达他们的财富——对鉴赏力的展示加强了他们的自我形象，即他们值得拥有更多的资源（Ashkenazi & Jacob 2013：21-24）。

乔伊·阿达彭（Joy Adapon，2008）在她的工作中讨论了餐食的结构，这在很大程度上借鉴了阿尔弗雷德·盖尔的能动性理论。利用与盖尔定位艺术品类似的方式定位食物生产，她建立了一系列对餐食的阐释，它取决于吃的人、做的人或其他因素（例如既定的食谱和原料的可用性）在多大程度上是主要的推动者。这在描述餐厅和家庭餐食的不同之处时非常有效：人们在家时不会经常提供菜单，而在巴巴扣瓦[1]庆祝宴席上，每个人都得吃一样的饭菜。

阶级对膳食的重要性，或者玛丽·道格拉斯（Mary Douglas，1972）的"美食活动"，与古迪关于社会分类的一些假设相矛盾，而且规则在一道菜肴中并不会比在另一道菜肴中更重要：这些规则可能在框架上就是不同的。在《解密一顿饭》（*Deciphering a Meal*）中，道格拉斯发展出了一种复杂的字母代码来描述涉及食物的各种社交事件。其中的第一个区别就是膳食和饮料之间的区别——需要一个既可以概括这些场合又可以描述它们之间差异的系统。然而，道格拉斯的文章有其局限性，并且回避了关于食物实际味道的任何概念。这表现为她分析时需要抽象一个事件，这是拉伦德（Lalonde，1992）指出的一个荒谬的遗漏。食物和美食活动的现象学研究很重要，它们不仅仅限于口味——准备和食用餐食的环境也至关重要，尤其是对关于这一基本人类活动的建筑人类学来说。

其他问题仍然是相关的，尤其是阶级和士绅化。实际上，食物和餐馆常常是城市经济发展的关键驱动因素，随着它们变得越来越成功、居住环境变得更理想，它们会推高租金而把居民推得越来越远离城市中心。上文提到过，这种基于阶级的菜肴的发展，其过程之本质就是维持差异：上层阶级总是寻求各种方法，通过越来越昂贵的原料和加工工艺来将自己和下层阶级区别开来，而工人阶级则在追赶。我怀疑，它甚至比这更复杂，文化和时尚的相互关系时常促使上层阶级重新审视"下层"的食物，并将其带入他们的菜肴中。

就我们的目的而言，用列维－斯特劳斯的抽象方法来讨论作为更广阔世界之一部分的美食文化，并不是那么有用。菜肴不是文化的反映，而是深深地融入社会关系中，无论它们是关于环境、经济的还是关于阶级基础的。因此，与各种形式的美食活动相伴随的建筑可以让我们了解参与者的生活世界，并为建筑师可能认为的既定惯例提供替代方案。

克里斯廷·亨特（Kristin Hunt，2018）专注于模仿性很强的美食实践，描绘了一些围绕食物的争议以及美食和原料之间的关系。一些人把吃的餐食与来源、成分之间的距离问题化，把它和围绕加工食品的疾病问题联系起来。而亨特选择将用餐作为一种表演，聚焦于其在先锋美食领域的显著表达，这在更多日常实践中有着明显的影响。当准备工作是集体进行时，表演可能是协作性的，也许是在一个家庭成员的指导下；也可能是在厨房封闭隐秘的区域准备一顿饭，然后再展现出来，而客人们则会用戏剧性的掌声来表示感谢。亨特的分析中的一个重要方面是讨论食物的象征意义，她引用了道格拉斯（Douglas，1972）和列维－斯特劳斯（Lévi-Strauss，1969）在这方面的研究。

亨特的研究把食物解读为一种共享活动的有用原型，一种参与，从而将我们与实践和表演理论重新联系起来。各种角色在食物准备和食用过程中的动态可以扩展到其他领域，食物的社会重要性怎么强调都不为过。建筑为这种交互提供了一个框架，并且只有在它更加深入地理解这种互动可能的本性时才能以更好的方式实现。

保罗·斯托勒（Paul Stoller）主张恢复感官的学术写作（1989：7），并表示他已经从叙述中"编辑"了他在该领域之经验的各个方面。为了支持感官的人类学，他追溯了一些将我们从经验中抽象出来的理论，例如康德所强调的对视觉的偏好。斯托勒认为，视觉中心主义是一种典型的西方方法，因此，在该领域也是一种潜在的殖民主义方法，会在面对存在于生活世界中的多种方式时带来欧洲中心主义的立场。斯托勒将此与学术写作模式的问题化联系起来（Clifford & Marcus，2010），并预感一种更具感官参与性的报告文学实际上对于人类学研究和传播的性质有着更大的影响。他对"肮脏"写作的倾向充满了怨恨（1989：136），并热情地为能将读者带入体验之中的人类学而辩护。

建筑学的研究和实践也是如此。虽然偶尔会有向多感官建筑的转向，但往往最终会发现这些只是好奇之举或特殊案例。本章的目的不是要颂扬非凡，而是要在最普通的空间中找到这样的感官建筑：厨房、餐厅、餐馆。饮食同时涉及多种感官，而空间则围绕着这些体验进行布置。然而，这种设计通常是在建筑师逃离现场很久之后的改造。临时和即兴建筑与高度专业化的室内设计被一起使用，构建起我们与食物之间的交互，从而高效地使用燃料，或是将其提升为崇高的艺术形式。

大卫·勒·布雷顿（David Le Breton）强化了这一立场，认为"人类的状况是身体性的"（2017：9）。他的描述性文字中提及了宴会的多感官性质（2017：180），因而充满了气味和味道，也提及了此类美食活动的视觉和听觉方面，还考虑到了我们如何食用食物的本体感受之特性：茶道中小心翼翼的动作，对筷子、餐具或自己的手的使用。勒·布雷顿重申了我们的饮食方式的文化特性，讨论了不同文化中丰富的风味类型：哥伦比亚亚马逊地区的迪撒那（Desana）人文化中有甜味、苦味、酸味、涩味和辣味，泰国人又加上了咸味、淡味和脂肪味，有八种口味。没有绝对的风味类别——每个地方都在发展"与不同烹饪偏好相关的独特味觉感受"（2017：188）。

大卫·萨顿（David Sutton，2001）在介绍他对"普鲁士式"人类学的描述时，将烹饪实践与记忆联系了起来。除了对我们吃过的一顿饭更真实的记忆［这当然会产生朴实、温暖的感觉或是对我们觉得恶心的味道的厌恶——这本身就是亨肖 Henshaw，2013）详细讨论的一个有趣类别］，萨顿关心的是由食物引起的更广泛的身体实践。这些是可以在手势和姿态中发现的沉淀下来的实践，也是我们经常参与从而将其记住的实践——品尝我们家乡的食物是一种让自己回到那里的方式。我可以用最普通的方式证明这一点，比如我会时不时地寻找洛恩香肠和工业白面包[2]等食物来提醒自己在苏格兰的成长经历。

以下示例均来自日本的餐饮文化。其他菜系中也有很多变化，但由于日本是我的大部分实地研究的地点，所以这些例子与我正在进行的项目最为相关。我的目的不是将这些作为异国情调或奇观来呈现，随着寿司以外的日本食品开始出口，这些习俗中的大部分正在进入世界其他地区的餐馆。

就餐空间组织方式中的微妙元素，可以对社会语境化的食物消费和生产形成重大影响。一些模式作为更广泛的工作和通勤生态的一部分而存在，例如通常被称为日本酒吧的居酒屋。其他的，如怀石料理，有着悠久的历史，从贵族的专属领域发展成为普通民众享用的宴席形式。更多的例子存在于节日等事件的背景下，通过临时的占用使街景充满生气。

这些中的每一项都是一种融入更广泛的文化背景中的社会、空间和感官语境。因此，可以这样描述关于任何菜肴的饮食文化：越日常越平凡越好。

感官符号

以下对于东京餐厅的叙述都附有一种感官符号（图 8.1）。这些是作为一个项目的一部分来开发的，旨在反对建筑和城市设计中对于视觉和几何的偏向。[3]使用该符号的目的是开发一种以描述性文本和图像作为辅助的工具，并指出对于空间感官体验来说关键性的一些元素。这些符号可用于诊断一个地方的问题，例如某一种感觉相对于其他感觉受到的刺激不足，或者协助将多感官环境描述为未来设计项目的先例。

下面的描述旨在作为第二种模式的示例：演示每个地方的视觉、听觉、嗅觉、味觉、触觉、热力学和动力学特性。这些类别是从詹姆斯·吉布森（James Gibson）的著作《作为知觉系统的感官》（*The Senses Considered as Perceptual Systems*）中发展而来的，他将感官知觉描述为寻求刺激的实践。在这个模型中，感官不是被动的，而是主动的。这导致了吉布森对当时环境心理学所追求的方法论的质疑，即在中立的实验室空间工作并向受访者展示事物的图片[4]，以评估他们的反应。吉布森建议，为了真正地找到答案，必须真实地置身于环境中，无论这可能会多么混乱和耗时。

感官符号系统由五个主要元素组成：

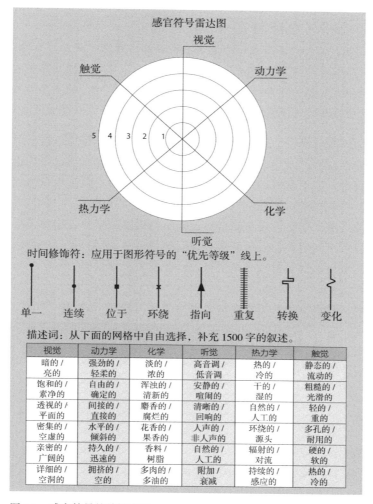

图 8.1 感官符号的关键内容

叙事性记述： 从日期、时间和天气状况的记录开始，以一种冷静的风格写成，平淡乏味，这是乔治·佩雷克（George Perec，1997）等作家所鼓励的。虽然我们的目标是一种完全图形化的表达形式，但我们发现基于文本的描述仍然是有用的，只要它们的内容以某种方式得到引导。由于符号的设计不是为了对形式进行价值判断（6 分可以指一种非常愉快的气味或一种令人厌恶和压倒性的气味），因此，文本可以详细说明环境的这些特征。

照片： 带着特定的意图拍摄，照片是一种快速和便捷地记录感觉来源的方式。这些照片被插入到文本中并在整个文本中交叉引用，以便它们与描述中的其他元素协同工作。

平面图和剖面图： 与照片类似，正投影绘图的传统为描述提供了有用的空间信息，显示了出现这些符号的路线和点位。这些在与非建筑师合作时是被省略的；地图对于我在这个项目中合作过的人类学家来说已经足够熟悉了，剖面则是更建筑专业化的表达。

描述词： 从尽可能非隐喻的中性术语列表中选出来，是图形符号的简写。这些词有助于判断触觉是粗糙的还是光滑的，或者热量是有明确来源的还是周围环境的。每个知觉系统都有6对描述词，可以酌情使用或不使用。

感官符号： 最后，该符号本身是一个具有6条轴的雷达图：视觉、听觉、触觉、动力学、热力学和化学。这是从吉布森那里改编而来的，以用于建成环境，因此将嗅觉和味觉合并为化学，把触觉区分为触觉、动力学和热力学。它们被赋予了从0到6的重要性值，较低的数字表示较弱的感觉。这些符号的进一步指征则描述了感官和时间特性（例如重复）之间的确证。

在丰富的感官环境设计中，诸如确证这样的因素就成了重要的问题。相互确证的元素在头脑中具有更强的存在感，因此，一棵树在其尺度和颜色上具有视觉存在感，微风中树叶的沙沙作响是听觉刺激，用于遮阴是热力学特性，它可以触摸，因此具有触觉的特性。这些可能不会出现在对于一棵树的每处叙述中，却是它呈现出来的可能性。

这套符号被设计用来描绘路线和静态位置，从而得以用多种表达方式来显示空间如何随着时间而变化，或者不同的人如何理解同一空间。这一个个符号可以被编译，或是用来寻找共性，即对空间的平均感官知觉，或是更有效地开启关于异常值的对话：为什么观点之间有时候会有如此大的差异？

这个项目很明显是建筑和人类学视角之间的交叉，借鉴了诸如声景研究和环境心理学等其他学科。开发这一方法是为了进行松散的、类似于速写本的实践，而不是为了用技术和媒介加持这一活动。这意味着其结果是主观的，但同样有用。

居酒屋

居酒屋最常被翻译为一种日式的酒吧（图8.2），但这样翻译其实错过了这些地处小巷之中的店铺的许多独特之处。居酒屋确实是以饮酒为主要活动，但也提供一系列食物，它们通常分量很小，但往往质量相当不错，而且按照西方标准来说是颇为新奇的食物。

东京有一些靠近大型火车站的小巷，这个位置揭示了这一建筑类型的主要特征之一：它们在一定程度上依赖于日本城市生活中长时间的工作。海德今井（Heide Imai，2017：Loc 932）将这些**横町**详细地描述为毗邻主要街道的小巷，它们起源于"二战"后的黑市。居酒屋是长途通勤回家之前在办公室和火车站之间的一个停靠点：上班族回家后再吃饭通常已经太晚了，所以这个空隙就发展起来了，可以和同事一起喝杯啤酒放松一下，再配上一些食物。这些酒吧往往规模较小，紧密地聚集在一起，彼此靠近，这意味着它们相互之间既是竞争关系又是合作关系。在**横町**中，它们旁边还有**屋台店**和**立饮店**，即食品摊位和更小的

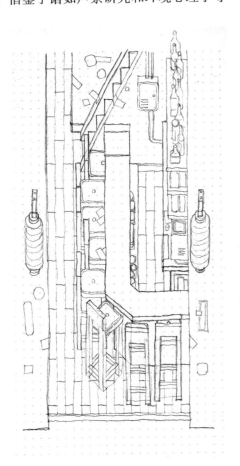

图8.2 居酒屋的轴测图

站立式酒吧。其中一些集群保留了其略微前卫而非法的最初面貌，例如东京新宿的金街（图 8.3），但最近的发展是把这些小巷重新开发为一种美食或旅游目的地，拥有更清洁、更明亮的高档横町，例如新宿的那些，提供更安全、更消费者友好的感觉。

空间的紧凑性带来了一种非常亲密的体验，居酒屋变成了一种社会凝聚器，来自不同背景的人彼此之间可以进行相当直接的，甚至身体上的接触（图 8.4）。

它们的形式比较简单。每个酒吧都有一两层楼高，挤在一条有着类似店铺的巷子里。有些设有长凳状的桌子，但大部分座位都在吧台边，面向同时也制备食物的酒吧区。小巷附近的空间通常用于烹饪那些最香的食物，以吸引过路生意。凳子排列紧密，客人必须要协商才能坐得下。每样东西都有它的位置：篮子是用来放包包的，衣帽钩安排在后面的墙上。

图 8.3　作者拍摄的新宿金街

入座后，会放上一份开胃小菜，代表你已经同意在这里喝酒；这不是免费的，而是包含在服务费中（往往是几百日元）。它通常是一小盘泡菜或小吃，最重要的是形成了一份与店家的合同。店里通常并不会出现菜单——墙上装饰着木头或纸质的长条形垂直标志牌，上面用日本数字写着价格（一种越来越不常见的做法）——点菜非常容易，可以通过店主的帮助，或者指一下其他客人正在吃的东西。

店铺里总是洋溢着欢乐的气氛，人们对陌生人产生兴趣，想要听听他们的故事，看看他们对不熟悉（但很喜欢）的食物的反应等——居酒屋是一个交流的地方。居酒屋最像酒吧的一个

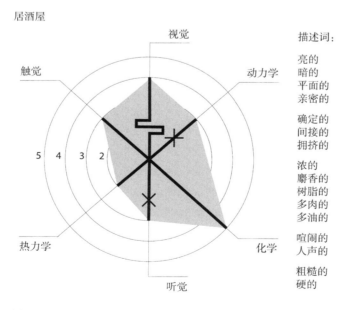

图 8.4　新宿思出横町居酒屋的感官符号

特点是常客的概念。拥有一家最喜欢的店铺是很常见的，当它太忙而进不去的时候会令人失望，而当店主特别卖力地重新安排顾客和座位来让你进去的时候又很令人振奋——所有这些都是以常客的名义。当然，这种状态可能变得非常不好，会显得对新顾客形成排斥，哪怕是在一个百无聊赖的夜晚，以至于那家店铺会给试图获得服务又粗枝大叶的人留下一种很冷淡的印象。

居酒屋在空间上的压缩是其空间和社会类型学的主要特征之一：在协商诸如寻找座位这样的简单事情时，人们会无法避免地与他人接触，与其他顾客擦肩而过时，一连串礼貌的道歉不可避免，而这其实是一种介绍。

在许多方面，传统的设计思维会宣称居酒屋是一种失败，一种无意或偶然的形式——一种不应该起作用的东西。然而，这些店铺在日本大城市的社会生活中发挥着重要作用。

怀石料理[5]

怀石料理是日本料理中比较正式的菜肴之一，起源于宫廷传统。怀石料理由许多的小盘菜组成，通常按一定的顺序而不是同时呈上来（图 8.5）。因此，怀石料理是一种深度美学化的用餐形式，其体验带有一定的戏剧性，而不寻常和稀有的菜肴则是该体验的一部分。

正如我们后面将会看到的，这种戏剧性可以通过不同的形式蓬勃发展，而准备工作台上 / 台下的性质可以告诉我们很多有关这顿饭的意图。在怀石料理中，重点完全在于食物的质量以及我们对食物的欣赏。

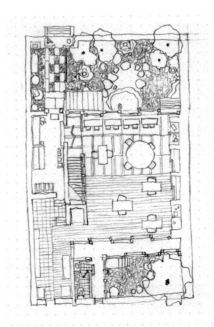

苹果的味道……在于水果与味觉的接触，而不是水果本身。以类似的方式……诗意在于诗歌和读者的相遇，而不是印在书页上的几行符号。至关重要的是审美行为、刺激以及伴随着每次阅读而来的几乎是身体上的情感。[乔治·路易斯·博尔赫斯（Borges, J. L.）诗歌作品的前言（引自 Pallasmaa, 1996：14）]

在空间上，怀石料理可以在各种场所享用，从传统的西式餐厅到简朴布置的柜台或者传统旅馆简单的榻榻米地板。菜肴被端到桌子上，被吃完，然后被下一道菜代替。餐具是为每次都被讨论的那些食物而专门选择的：粗制的民间陶瓷小盘子，然后是装饰最为精美的萨摩烧[6]，以精确和小心的方式呈上。通常，会向用餐者提供清酒杯供他们选择：为餐食增加个性和鉴赏力。

怀石料理非常努力地对体验的元素进行排序，口味不会重叠，而是要充分体验它们本身。在这里，居酒屋的凌乱与之形成了鲜明的对比，在那里，用晚餐的过程中会堆积一叠盘子，供一群朋友或同事取

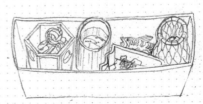

图 8.5 怀石料理餐馆的平面速写和小盘菜的典型布置

用分享。怀石料理是一整道菜，对口味不由分说地搭配，偶尔会给对某些食物不耐受的食客附上告诫：如果您对某种食物不耐受，那么这家餐厅可能无法满足您的需求，您应该去别处看看。

怀石料理之氛围的关键是在远离用餐者的地方准备食物这种方式：没有关于备餐的暗示，不知道厨房在哪里、谁在那里工作或者厨房有多大。从某种意义上说，有一种手法在起作用——这三个部分的魔术让用餐者在那一刻沉浸在令人兴奋的、非同寻常的质地和氛围之中，而接触不到制作过程中的技巧和努力。

气氛这个概念在西奥多·阿多诺（Theodore Adorno）和沃尔特·本杰明之间的通信中得到了详尽的讨论——他们关注的是围绕审美表达的装置在多大程度上可以使表达本身黯然失色。阿多诺对这样的过程持怀疑态度，认为那是试图将保守的政治立场掺杂到作品中，通过产生一种使作品与众不同的特殊氛围来进行编码。这当然也可以在怀石料理的例子中来讨论，它起源于贵族生活，是一种特别传统的对于日本文化观念的表达；它是这样一种消费方式，单纯由于食物制作的精心和细致程度而导致的费用就让许多人望而却步；它是不民主的，因为任何人都可以并且确实会去居酒屋。

话虽如此，这种精湛的技艺还是有其地位的，简朴的环境有助于确保精心准备的食物具有足够高的地位，可以得到充分的欣赏，而不会被就着朝日啤酒狼吞虎咽地吃掉。怀石料理被安排得像仪式一样，就像参观画廊和购买艺术品的审美体验，就像古典音乐独奏会（以及对所有与之相随的设定和规则的尊敬），或者就像是向商业伙伴展示财富的方式：所有的一切都通过设计好的机制来制作，将用餐者置于正确的心绪状态中，以便能够欣赏小分量的、最好的和牛肉或最稀有的海胆（图8.6）。

在空间上，设置各不相同，但都具有隐藏和遮挡活动的逻辑：展示太多可能会打破幻想，

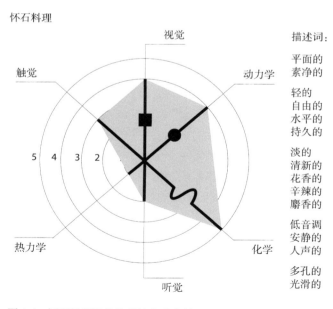

图8.6 怀石料理风格的餐馆的感官符号

打扰用餐者的专注，而他们对于往往十分惊人的美丽食物的欣赏以及愉悦的喘息会得到服务人员满意的鞠躬和点头。这种反应的分享是用餐戏剧性的一部分。

天妇罗柜台

虽然不同类型的餐馆所占据的正式空间并没有根本上的不同，但围绕这些食物的行为的性质可能大相径庭。寿司或天妇罗餐厅的柜台体验就是一个这样的例子（图 8.7）。这些与下一节中的炸肉排餐厅在一些重要的方面有所不同——主要是在社会性的而不是空间性的表达上。

虽然在布置上与前述的一些怀石料理店类似，并且在空间允许的情况下经常与传统餐桌相混合，但专业的寿司和天妇罗餐厅为用餐者提供了坐在柜台前，面对正在准备食物的厨师的机会。这一点，连同食物准备方式上更加独特的性质，形成了与怀石料理截然不同的体验，后者的食物看起来就像魔法一样。[7] 通过这种安排，厨师获得了极大的影响力和能动性，呈现在身体上，厨师会亲自欢迎您并直接照顾客人，而其他侍应生的干预被减到最少。

菜单通常是一道菜或套餐，但里面设有很多变化：它可能包括天妇罗虎虾等细节，或

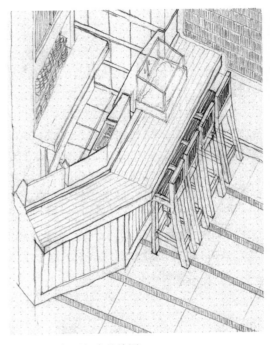

图 8.7　天妇罗柜台的绘图

者像"季节性白鱼"一样含糊不清。菜单的不同等级包含了越来越奇异的东西，但同样，这些往往留有解释的空间。这让厨师有机会直接评估客人的需求，对他们喜欢的菜品作出回应，或是为他们提供更多此类食物，或是看看他们可能变得多么大胆和冒险。

店员（正如阿什肯纳兹和雅各布所说的厨师，Ashkenazi & Jacob，2013：90）的个性以直接的方式融入整顿饭里，用餐者和厨师之间的互动与用餐过程交织在一起。空间的布置与怀石料理或居酒屋的柜台略有不同，几乎是将主厨置于舞台上来作为吸引力的中心——甚至食物都可能次于寿司厨师的精湛技艺，他熟练的手部动作伴随着对于海鲜的热情挑选以及精心编排的刀具使用手法，这些都早已在漫长而无情的学徒过程中磨炼出来了。

店员所扮演的角色在表面上通常是威严的，但对那些认为自己受到厨师喜爱而得到特殊关注的客人会报以点头和眨眼——这是一种表演，是一种可接受的做作，被这些冷淡的工匠以直接的方式取悦是体验的一部分。

天妇罗餐厅的物质文化有很多特点。厨师和用餐者之间的距离暗示着新鲜度和速度，使炸天妇罗和柜台用餐成为一组明显的时间性事件：

正如一位接受采访的厨师所暗示的那样，准确地说，每一顿天妇罗餐都应该是一场"盛宴"。大多数天妇罗菜肴是一系列小份的食物，一旦它们从油中取出，厨师就会将其直接放到用餐者的盘子里。分量小，意味着需要很多份，这反过来意味着优质的天妇罗是劳动密集型的，比寿司更甚，因为需要一丝不苟以确保每一件食物都能滚烫地到达用餐者那里。（Ashkenazi & Jacob，2013：90）

阿什肯纳兹和雅各布继续讨论了用餐者和店员之间的这种关系对于此类餐厅的鉴赏家的重要性（Ashkenazi & Jacob，2013：91），那在许多方面比食物的质量更加重要：融洽的关系和社交互动被描述为一种引起注意和进行社会强化的形式（图8.8）。菜肴和餐厅的整个组织相互配合，从而产生了这种关系：即使对于一个单独的用餐者，这种体验也构成了一种社交互动（图8.9）。

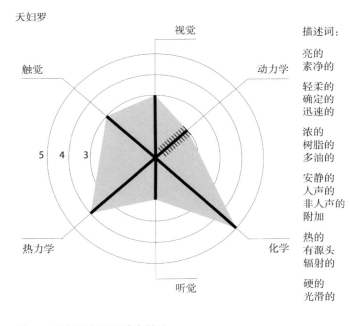

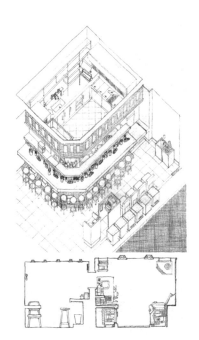

图 8.8　天妇罗餐厅的感官符号

图 8.9　饺子餐厅的绘图，展现了和天妇罗餐厅类似的柜台安排

独道菜餐厅

专注于一种食物是日本餐厅的常见策略，有一种观点认为，要想把什么东西做到最好，你就应该去找制作这道菜肴的专家，别无其他。在这里，柜台座位再次出现，或许更多的是作为进入厨房喧嚣的窗口，而不是对高水平工艺和关怀的赞扬。

此处用作示例的炸肉排餐厅只做一件事：用日式面包粉包裹的油炸牛排。菜单上的细微变化表明分量大小以及需要哪些配菜，但重点在于一道菜。这是非正式的用餐，快速并且要预先支付。用餐者可以选择几样东西，提供一个小石块（图8.10），你把肉排放在上面，以使它达到所需的烹饪程度——厨师把它快速油炸，使外部酥脆，但由顾客来决定他们是想要生一点还是更熟一点。

有多种酱汁提供，从浓浓的深棕色果味肉排酱汁到用于配菜里的白菜丝的淡姜汁。这顿饭配着味噌汤、米饭、泡菜和茶，如果想要，还可以添加磨碎的山药（图 8.11）。

这种用餐形式比之前的任何例子都更加不起眼（图 8.12）。对于吃的选择在菜单上是有限的，但对用餐者的能动性开放，他们可以选择如何完成食物的烹饪。厨师不在场，接待人员很少（图 8.13），与朴素的怀石料理的体验相比，互动规模更小，同时与居酒屋的花销等级接近。用餐中的社交互动程度并不与成本或专享程度相关，而是一个变量，即使在单一的饮食文化中也有助于提高用餐体验的多样性。

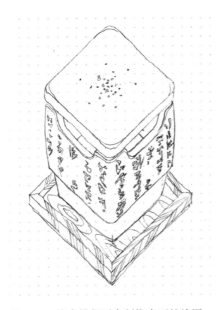

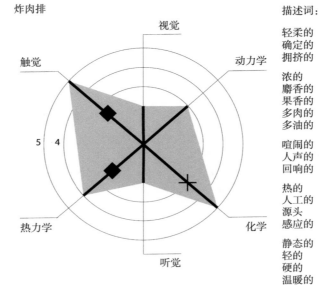

图 8.10　炸肉排餐厅陶制烧肉石的绘图　　图 8.11　炸肉排餐厅的感官符号

图 8.12　地铁站拉面餐馆的绘图

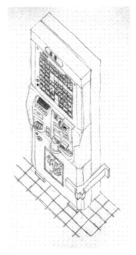

图 8.13　售货机的绘图
用餐者根据按钮上的选项选择他们的餐食，在餐馆外付钱，落座后递交票据。

136

在餐桌上做饭

在餐厅自己做饭这个主题，被《迷失东京》[8]中比尔·默里（Bill Murray）的角色轻率地看待，但在其他许多场景中得到了进一步发展。各种形式的烧烤和烤肉餐厅以及火锅和铁板烧餐厅将用餐者置于用餐的中心。

在这里，餐厅的角色是作准备、提供环境和食物制备的必要设施。这说明在日本文化中，餐馆的作用之一是作为社交空间。正如英格·丹尼尔斯（Inge Daniels，2010）所指出的，出于社会和现实原因，日本家庭并不是一个经常进行社交和娱乐的地方。城市居民通常住在狭窄的公寓中，其中并没有招待客人的设计，而这些房屋可能距离市区有一个多小时的通勤路程，因此，在餐厅等公共空间进行庆祝会更加方便。

更重要的是物质文化在这里面的作用：日本文化中对高品质金属刀的开发意味着厨师刀是锋利而准确的工具（Ashkenazi & Jacob，2013：86）。从为火锅菜肴准备肉类和蔬菜的考虑而言，食材切割的细致程度使需要新鲜和连续烹饪的菜肴得以发展。因此，加入蔬菜和肉类的轻质火锅的加料过程需要由用餐者完成，而不是完全在厨房里准备好（图 8.14）。厨房的作用是准备食材而不是烹饪菜肴。

因此，餐厅空间是一个基本的社交空间，在这里可以有庆祝生日或订婚等生活事件，并鼓励同事们在工作时间之外建立联系。这使得人们实际上是在自己准备食物这件事变得不那么刺耳，在这种情况下，比起厨师或食物，餐厅重要的是作为一个组织结构：食物的质量完全取决于顾客的喜好和技能。

这些自己做饭自己吃的饮食模式甚至在图式上也是不同的。在正式的就餐场合，用餐者的座位会被安排成一个开放的长方形，按等级坐下，最重要的人在端头外侧，次要的人物在

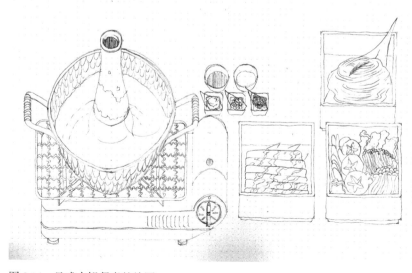

图 8.14　日式火锅餐桌的绘图

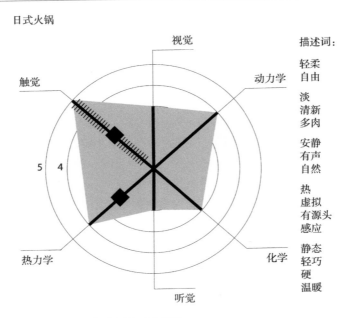

日式火锅

视觉

触觉　　　　　　　　　　　　　动力学

描述词：

轻柔
自由

淡
清新
多肉

安静
有声
自然

热
虚拟
有源头
感应

静态
轻巧
硬
温暖

5　4

热力学　　　　　　　　　　　化学

听觉

图 8.15　日式火锅餐厅的感官符号

外侧尾随，社会地位最低的人坐在长方形里面，如有必要的话。这在自助烹调式餐饮中当然是不可能的。在大多数情况下，用餐者必须坐在圆桌旁，很难建立适当的等级。 对于一个以其等级性而自豪的社会来说，以社会认可的方式把严格的社会规则放松的能力恐怕是必不可少的，即等级和秩序的另一面。（Ashkenazi & Jacob，2013：88）

　　这些餐厅配备有专门的桌子，它们集成了电热板、烤架或其他形式的加热元件（图 8.15）。工作人员随时待命来操作这些桌子，并在需要时提供指引，解释如何烹饪端上餐桌的食材。从某种意义上说，就是这张桌子——专为特定的烹饪方式而设计，在餐食中具有最大的能动性。它决定了用餐者之间的互动，他们必须相互协调行动，以便为彼此的食物腾出空间，不要垄断烤架上最热的部分或不小心拿走彼此的食物。

　　这样的饭也是用餐者展示他们对烹饪技术的掌握程度的机会，可以用提供的原料、调味品和酱汁来制作日式杂菜煎饼——这是一项几乎没有犯错余地的技能——计时和熟练操作成为用餐的一部分，就像在家里举办的晚宴为主人提供了展示他们的精致和好品位的机会一样（图 8.16）。在这种情况下，洞察力、技能和品位对他们来说是一种阶级元素：

　　如今，实际上，文字烧是日式杂菜煎饼的简化版

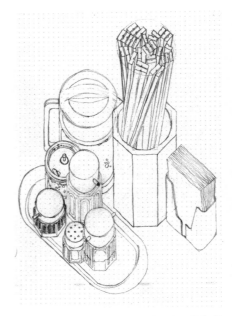

图 8.16　调味品的绘图，供用餐者按他们的口味用在菜里

本，这是一种通常与学生生活相关的食物，很难算得上是高级美食。仅仅是因为卖日式杂菜煎饼的地方也可以提供文字烧，这种联系就变得更有力了，一定程度上也表明了它们在东京（下层）下町文化中的根源……通过逐渐添加新的、丰富的元素，穷人的食物变成了富人的美食，或者更准确地说，那些追求新奇的富人。与门内尔（Mennel）的模式不同，日本发生的事情是整个国家都变得富裕了——食物的丰富和精英化不是阶级之间的转移，而是代际转移。（Ashkenazi & Jacob，2013：95）

　　阿什肯纳兹和雅各布讨论了由日本人口特征所引起的代际转移（其叙事是农民食品被其他文化提升和贵族化，同时具有了更清晰的当代阶级划分），但也有做作的一个方面。"玩弄"，或者对更清苦时代的追忆在这方面起到了作用：对农民生活的采纳和挪用在日本建筑和文化中有着悠久的历史，例如桂离宫的乡村风格元素，京都的皇宫，或者是对**民间**陶器的颂扬。

　　在每种情况下，烹饪技术都相当独特，一些特色菜是在厨房里准备的，否则，食物会作为准备好的食材——而不是已经做好的一顿饭——被端到桌上。餐厅的角色就变成了在用餐者和这项技术之间进行协调，而不是直接提供餐食。

屋台街小吃摊

　　日本的节日通常与寺庙和神社联系在一起。在节日期间，这些区域——通常由佛教和神道教建筑共享——被一系列街头小吃摊所占据。这些摊位的所有者通常不是本地企业，他们经常四处游荡，按照固定的时间表从一个节日转移到另一个节日（图8.17）。

　　这些摊位的空间性特别有趣，在这个寺庙十分普及的国家，东京浅草地区是最大的朝圣地之一，该地区的浅草寺（佛教寺庙）和浅草神社（神社）占据了一些明确的区域（图8.18）。无论在哪个时间，进入这一综合体的感官体验往往都是喜庆的。[9]

　　屋台是一个术语，涵盖了各种各样的商店摊位，无论是装着轮子的移动木制摊位，还是5月份聚集在寺庙区的铺着防水油布的钢框架临时摊位。每个摊位约为2.5米×1.5

图8.17　作者拍摄的从仲见世通到浅草寺的照片

图 8.18　三社祭期间浅草寺和浅草神社街头食品摊位的照片

米，通常用定制的印刷防水布为所提供的食物做广告，无论是章鱼烧、螺旋土豆、日式煎饼还是唐扬炸鸡（图 8.19）。

宗教建筑及其长廊的两侧通常是较为安静的区域，而这些摊位所产生的气氛使其发生了明显的转变，使其充满了游客和售卖的宗教商品，带来了艳丽的色彩、拥挤的人群、闪烁的火焰与热量以及沸油的气味和蒸土豆的爆裂声，所有店家都在吆喝着来吸引潜在客户的注意。

屋台对他们来说具有城市特征，当被集体动员起来时，就会在城市中真实地存在。像这样用临时建筑激活城市空

图 8.19　三社祭屋台摊位的水彩画

间，是缺乏有意义的城市空间的日本城市的一个特征，有时意味着聚集的摊位会在短时间内占据人行道和街道（图 8.20）。这种受控的空间占用，在节日期间充当了城市的减压阀——释放能量，并在未来的一两年修复社会纽带。

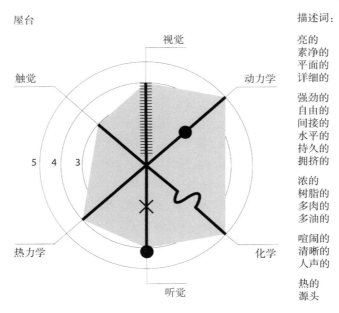

描述词：

亮的
素净的
平面的
详细的

强劲的
自由的
间接的
水平的
持久的
拥挤的

浓的
树脂的
多肉的
多油的

喧闹的
清晰的
人声的

热的
源头

图 8.20 浅草区域屋台摊位的感官符号

在节日期间将神圣区域改造成一个巨大的食品市场的做法[10]，使人们大量涌入该空间。一旦到达那里，他们就会逗留更长的时间，而不是像在其他时候那样，大多数游客只是在浅草寺进行相对快速的沐浴和祈祷。食品摊具有时间和空间上的影响力，显著地放慢了这个地方的节奏，鼓舞着游客们在华丽的画面与宏大的寺庙建筑和简朴的神社所形成的鲜明对比中流连忘返。

注 释

1. 即 barbacoa，指加勒比地区一种把肉卷在叶子里然后在石头或木头上慢速加热的烹调方式。——译者注

2. 几乎不是美食，洛恩香肠（又名方形香肠）最常作为早餐主食食用，对不熟悉它的人来说，类似于方形汉堡包。它由切碎的肥猪肉或牛肉混合面包干而成，用胡椒调味。它会作为早餐的一部分与培根和黑布丁一起供应，或者以卷的形式供应——最好是"做得较熟"的早餐卷，上面烧焦，但内部是白色蓬松的。在没有这种面包卷的情况下，在苏格兰常见的一种乏味的加工面包是一种很好的替代品。

3. 参见 Lucas（2009a，2009b）和 Lucas & Romice（2008）。

4. 这种方法认为反应本质上是即时的和进化的，以这种方式收集数据相对有效，并允许使用大型数据集来确认结果。

5. 阿什肯纳兹和雅各布（Ashkenazi & Jacob，2013：42）指出，怀石料理可以指多种形式的食物，伴随茶道仪式的膳食以及为一群有共同爱好或活动的人举办的宴席都可以称为怀石料理。这里所指的形式是通常在餐厅或传统日式旅馆供应的多道菜餐食。

6. 即 satsuma-ware，是原产于日本九州南部萨摩国的陶器。——译者注

7. 事实上，一些新奇的餐馆真的会把这一点玩到极致，如采用忍者主题的送餐方式，使用黑暗、隐秘的隔板和烟幕弹。

8. COPPOLA S. Lost in Translation. Japan/USA: Focus Features，2003.

9. 关于东京神圣空间的感官符号，参见 Lucas（2009a），其中比较了空间相似的明治神宫和浅草寺，并指出其空间体验是不同的，因为空间的感官设计要比形式因素更广泛。

10. 有关三社祭的更多信息，参见第 7 章和 Lucas（2018b）。

9 结论：走向人类学化的建筑

引言

本章把本书的发现汇集在一起，形成了一则宣言：为了人类学化的建筑和建筑化的人类学。这并不是文字游戏，而是表明学科之间的知识转移需要双向进行。建筑学是关于我们如何建造和居住，关于几何和设计以及我们如何通过操纵环境来理解环境之诸多方面的知识体系。

建筑类型学作为方法被提出，用于解读人类学中提出的关键理论，这是一组远远未臻详尽的选择——每一章都代表了建筑化的人类学方法的一个范例，而并非一个已经完善的综合体。实践理论贯穿了我们与建成环境的交互，而不是限于工作室的绘画和制作实践；身份认同的共同塑造与家庭空间最为显著相关，但也存在于其他地方。类似地，对于收藏的讨论虽然集中在博物馆空间的例子上，也可以扩展到其他领域，例如现代主义建筑的跨国网络，古典建筑作为一种代码在诸多不同地区的传播，甚至建筑这一被编纂为一个职业的概念。每个例子都可以与其他理论相匹配，在对应的情况下提供对该空间或现象的另一种理解。

因此，这本书被构建为一组初始实验、要遵循的探索路线和要提出的问题。书中提出的一种前进方向：不是"建筑化的人类学"，而是"图形化的人类学"。就像许多其他学科一样，建筑学已经成功地运用了民族志研究，以便发现更多设计的现实、项目委托的政治和材料的生态。图形化的人类学为人类学家和建筑师提供了一种通过题写实践来进行解读的方法。我们通过草图、绘画、符号、制图、图解和测度，对环境进行分析。每种题写都有一种隐含或嵌入的理论，可以通过严格编辑的解读而显现，其中，正投影图可以阐释空间的精确尺寸、比例与几何形态，还包括其与人体、光、空气、大气层和声学的关系——所有这些都在一套有效的、被普遍理解的代码中。使用诸如拉班[1]这样的符号标记可以解构人类动力学的细节，从而精确地重现动作。草图和美术绘画是运动的痕迹、意向性和绘画手势共同在表面上产生的持久标记。这些传统中的每一项都有决定其制作和阐释的规则：图形化的人类学主张，在学习和使用多种形式的题写实践（我们在这里可以纳入各种形式：学术、虚构和传记的写作）时，我们可以显著地提高我们的解释能力。

一则宣言

当然，建筑一直是人类学的，人类学也一直是建筑的。本书的目的是让这诸多的交叉点更加明显，并且考察这种思考方式可能的影响。它引导我们对临时结构和社会性构建的空间进行重新分类，因为每一个部分对于建筑学科来说都像既定经典中那些宏大的建筑一样复杂和重要。人类学的探究为生活中很多我们认为理所当然的方面带来了深刻的见解：居住通过共同构建的过程而与自我相关联的方式；我们与日常食品的感官互动；步行活动的社会性，让我们得以通过与环境的身体性互动对其进行改写。

在这一关系中还有其他重要的可能性。人类学家或许能够抽象地谈论一栋建筑的能动性，但建筑却用材料和形式的细节表达这一点，解读每个阈值、体积和表皮形式的作用及其对人的影响。通过进一步彰显人类学化的建筑和建筑化的人类学，我们致力于营造一片肥沃的跨学科土壤，在其中不仅可以共享新的方法论和理论，而且可以发展它们的新形式。

设计人类学[2]作为一门独特的子学科，其最新发展为建筑学和人类学之间的合作提供了一些经验。它所提出的许多问题都与建筑有关，最显著的就是将人类学的理论和方法论整合到设计过程中的机会。设计人类学家和建筑人类学家的需求必须要加以区分。然而，这种区分不仅仅是尺度上的——最明显的是设计人类学中对原型的使用。这在建筑中是不合适的，测度对其而言将成为释义领域（Borges，2000：181）。构建建筑的原型，简单来说就是制造建筑。因此，我的建议是对于密切观察的实践分享以及理论的建构要和绘图、模型制作、符号标记和图解并行。

对于"关于建筑的人类学"[3]或"关于建筑师的民族志"[4]模式的研究越来越多，但本书的问题是：通过建筑[5]来产生人类学意味着什么？要看到建筑师从人类学中可以学到什么是相对容易的，但要求人类学家向建筑师和设计师学习是一个更大的挑战。而且，回归我们自己学科的价值观很重要，即对空间和地方之建筑敏感性的重申，对先例和干预之可能性的解读。将其定义为人类学走向建筑化的运动而非直接定义它的形成，这一点很重要。人类学是一门关注正在形成的事物而不是最终的静止形式的学科——人类学与建筑的关系是一种不断生成的关系，一种必须不断予以批判和完善的内在关系。

知识生产

在前面的章节中，探讨了各种不同的建筑理论在建筑中的用途。通过将它们应用于现实世界的例子，并对每个例子的潜在含义进行讨论，人类学的思想和理论已经与建筑和建成环境直接接触。这些所展示的并不是互动的界限，而是进一步探索的起点。

其关键在于知识生产这一思想本身。知识是通过将熟练的实践应用到世界上的一种语境中从而被积极地创造出来的。这看起来可能很明显，但这个概念对于我们如何思考自己的实践有着根本性的影响。以这种方式理解知识生产，给我们提出了这样一个问题，即我们当前的**惯习**可能意味着什么——我们因为忽略了某些实践而封锁了哪些知识？采用不同的实践如何为设计过程带来新的理解？

当代人类学关注涌现的情况，推翻了（即使是仪式性的）实践是固定不变的假设。在建筑中，一个结构可能已经持续了数百年，但其表面的持久性只是偶然的。每一代管理建筑物的人对它的理解都不相同：用途会随着时间的推移而调整，风化会造成损坏，而维护则是尝试着去阻止或修复磨损和破裂。因此，建筑化的人类学在本质上是时间性的，要注意时间的流逝，无论是在短期和中期还是在更长的时间段内。它批判战后的先锋派及其以消费品和车辆为模板塑造出的一次性建筑，而这种批判影响了我们如何理解现存的建筑，影响了那些宏伟的旧建筑如何在其环境中有所作为，象征性地表达一种有害的社会语境，或以保护之名阻碍社区当前需求的满足。这种对时间的态度也可以揭示出对最不可能的建筑作品的身份认同之信念：一栋建筑物的重要性可能并不来自于它代表一种类型的能力，也不是因为它是一个美学上令人愉悦、十分突出的历史案例，而是其他因素。

通过我们所有的感官来理解世界，推翻了在建筑学和其他相关学科中持续存在的对于视觉与几何的偏好。把感官民族志新兴讨论中的经验教训加以应用，可能会鼓励建筑师对他们的方案的全部物质性形成更高的敏感性。最优秀的建筑师当然能够做到这一点，但对于主流建筑学来说，这仍然是一个谜。响应全听觉环境（不仅仅是音乐厅和礼堂的形式声学）、味觉和嗅觉之化学感觉的建筑设计方法很少得到考虑。我们对感觉的概念很可能是从传统的五感扩展而来，将触觉分为热感、运动感和触感——这对设计有什么影响？这些方法又如何为那些在一种或多种感觉上有障碍的人提供更友好的建筑？

运动是一个特殊的例子，可以看作感官交互的一个示例。建筑是由我们在其周围和内部的运动所激活的，睡眠、烹饪、饮食、放松和清洁的日常工作都涉及我们与建筑物的身体交互。考虑到关于这方面有着众多的文献，此处将其概念化为步行（诚然，这排除了那些行动不便的人），运动的感觉同时涉及多种感觉。脚的触觉通过我们的眼睛在扫描环境并关注相关细节时的视觉感受得到验证；听觉线索是微妙的，但体积和材料的硬度会给人留下印象。感觉相互验证，在我们探索空间的时候提供关于它的全面印象。我们对感官的理解是经过训练和培养的，感知是可以被训练的，正如我们稍后将看到的，注意力的作用是最重要的。

我们如何让自己宾至如归是人类学家和建筑师之间的一个关键的接触点。这是两个学科的核心关注点，"居住意味着什么"这个问题意味着可以跨越文化，以不同的方式理解人与场所的这种基本联系，它是所有文化的要素之一。沿着游牧的路线扎营可能属于这种情况的一个极端，但这是被更广泛关注的一种形式，与西方的房主有很多共同点，他们从大量的消费品中进行挑选，以表达他们对自我的感受和他们希望如何过自己的生活。待在家里是空间体验的一个重要类别，也是对于建筑师最具挑战性和最值得赞美的任务之一：住房的设计。

家当然是一个放置和收集各种东西的场所，一些材料在相对较短的时间里流经家中，而另一些则会停留一段时间，代表与他人的关系或作为我们的身份和个性的指示。在整本书中，物质文化研究的思想再次回归，以探索物体如何具有社会性——它们不仅仅是社会文化现象的反映。这种方法更加重视我们居住、经过和占据的建筑——它可以与我们自己不断发展的经历如此紧密地交织在一起，对不同的人来说意味着完全不同的东西。我们理解作为这些交互的基础的框架非常重要——在一个大型的砖石结构的银行大厅中，客户和出纳员、经理和清洁工、保安和建筑师、保护主义者和可能盼望着将其改造为盈利更高的当代功能的开发商，他们的体验是不同的。

物质文化的一个重要元素是对生活中日常和平凡的事物感兴趣。事实上，许多术语都在努力寻找日常性的词汇并赋予它们更深的理论意义，因此，丹尼尔·米勒（Daniel Miller）对**东西**（stuff）的立场以及该领域的其他人与**事物**（things）的斗争，都是为了回避围绕**客体**（objects）的那些相当有害的术语，它暗示着一种在其他东西之中的客体化。我们可能会认为物质文化反映了一件事物的几个层面：物品的基本事实、大小、形状、制作方法和使用的材料；事物被（或许是不同的个体）感知的方式；围绕该物品的文化编码，它在阶级、权力关系、历史关联和愿景中代表什么；人类学的**方法论庸俗主义**立场在事物的美学品质和美感、制作它的精湛技艺和心思、制作所需的技艺水平方面给我们留下了什么。以这种方式看待我们的家和建筑物，维护了它们在我们自己的经历中的地位，尊重了在我们的个人历史和身份方面最平淡的那些物品的投入。

特别有价值的物品往往会被收藏，而这种收集和展示的冲动在博物馆中得到了最清晰的表达。这种刻意展示的策略主要是通过将物品从其语境中剥离（或将其置于一种新的语境中，使其成为许多相似的对象之一）来将事物转变为客体。收集和展示的逻辑通过各种形式的保护找到了城市化的表达，使建筑物随意停滞在其历史中的一点上，而且不允许任何进一步的时间流逝。了解这个过程以及人们如何看待展示本身很重要，这既是一种试图保存每个地方之独特身份的尝试，也是在否认未来的发展和修改。城市可能会委托与策展人或艺术收藏家具有类似意图的国际建筑师：拥有一栋能反映城市之雄心的盖里、利伯斯金或者哈迪德设计的建筑，从而获得相应的地位。更深入地了解这些过程以及建筑师在其中的作用，使他们有更多的机会有意识地改变他们的设计理念，以便提出更加合适的、不那么壮观的建筑。

以上是政治的，是一种可以从人类学角度讨论的通过建筑表达的权力关系。在建筑物被保护和留存以表明人居连续性的地方，通常也会推行一种官方版本的历史：通过调动过去而对当前权力结构的一种有意义的表达。类似地，新建筑与这些旧建筑的关系，对于权力结构为沟通和巩固其地位而采取的努力具有指导意义。

从复杂的社会现象中抽象出分析单元的策略，在这种对人类生活的复杂性以及如何更加全面地考虑它的广泛讨论中，似乎适得其反，但是在某些情况下，这种狭义的关注是有所助益的。通过将抽象视为一种编辑过程，可以看到**美食活动**或者"味素"如何让我们得以更详细地质询菜肴和烹饪。清除描述中的干扰可以让细节浮出水面，额外的复杂性可以在之后恢复，以展示该事件或现象如何被置于更广阔的世界之中。在最基本的活动中可能发生的变化——我们如何喂饱自己——对于强调我们生活中的每个部分如何在具体的文化和社会信息中，尤其是在给定的语境中来说，是具有指导意义的。这些生活事件的安排，为未来的设计提供了潜在的模式：通过考察到访的地方并询问我们在那里的经历，建筑师的速写本为工作室里进一步的发展提供了一个丰富的想法库。[6]

我们如何进一步安排商品和服务交换，可以在不同的文化中以礼物或货币经济的形式看到。商品的流动体现在支撑和包裹它的建筑上。交换过程及其建筑相互间的共同作用是更广泛趋势的一部分，在其中，方案反映并体现了潜在的过程。新的交换形式随着支撑它的新建筑而出现；对于非正式建筑的不断重塑，是对供应商工作中的限制所做出的反应。

人类学理论的一些实例与建筑思维有着明显的类同之处。例如对阈限空间的讨论与建筑里的门槛相呼应。其焦点在于和表演与仪式有关的状态变化，但是和阈限密切相关，在其中，空间状态被调整和改变，通过建筑中一些最重要的元素，这一行为被庆祝和标记。类似地，框架和索引也具有空间化的特质，让我们得以考虑在什么情况下需要一个参考或数据的框架，来了解我们是什么的一部分，我们周围正在发生什么。

总之，作为自然人，我们应该是具有表面边界的容器，里面有信息和影响的状态。这一内容通过开放性的表达被直接索引，而无意识的线索总是在压制之后产生。然而，当参与的个体进行像打扑克这样虚张声势的游戏时，人们会发现他要么屏蔽了几乎所有的表达，要么尝试了最明目张胆、表达上最正式的欺骗——如果他真的在实际活动中尝试这样的展示失败

了，那会给他带来非常糟糕的名声。（Goffman，1974：572）

在建筑的意义上，参观大教堂的崇敬在市场的喧闹中可能是非常不合适的，反之亦然——市场中的忙碌、喧嚣、交易和谈判在其他地方也是不合适的。当一些游客像对待其他类型的旅游景点一样对待大教堂时，这对礼拜者造成的干扰是值得注意的。戈夫曼（Goffman）的框架让人想起了屈米（Tschumi）[7]的交叉编程实验——认为"除非有人在那里犯下谋杀罪"，否则人们就无法真正地体验建筑物——这种想法的一个极端和荒谬的版本。这将我们与这样一种理念联系起来，即建筑的关键元素是建筑物的方案，而不是像任务书那样的外部驱动因素。

因此，拍卖和管理提供的不仅仅是角色；它们提供了对实际事件进行索引的特定方法。总而言之，每当我们被派发了一套制服时，我们就像是被披上了一层皮肤。框架的本质在于它为自己重建框架设立了界限。（Goffman，1974：575）

因此，我们对任何空间的体验都有一个重要的部分是社会性的，也是物质性的。我们的期望和行动取决于我们被赋予或选择使用的框架。

建立一种图形化的人类学

前面的章节为我已经研究了一段时间的建筑方法建立了一个案例：图形化的人类学。这里的目的是将建筑学和人类学的方法融合成一套方法，它与现有的方法一起工作，但通过多重表达策略来加以扩展。图形化的人类学并不依赖于新的题写实践的发明，而是依赖于对它们的可供性更加深入的理解以及借由同时使用多种图形表达形式形成一种全面性描述所带来的益处。

每一种图形表达形式都带有一套操作假设和优先级。在大多数情况下，当人类学家将绘图作为一种方法进行讨论时，他们会建议使用快捷的草图：聚落地图、人物和物体简要的现场草图。更全面的调查则使用序贯或漫画的方式，将叙事整合到表现形式中。这些都是有价值的贡献，但我想说的是，在跨建筑学和人类学学科的工作中，这两个学科都有很多可以相互学习的地方。

关于传统的正投影表达，建筑平面图使我们能够精确地对设计元素之间的空间关系给出详细说明——结构和方案中元素的对齐——并向有能力读懂绘图的读者呈现出在那个空间的激励下所有可能之活动的矩阵。剖面图侧重于体积数据，更详细地描述了可能的居住情况，但代价是它没那么完整，而是展示了如何使用建筑物的一个示例。立面具有扁平化效果，为我们提供了一种展示建筑物的环境、构成和节奏的方式——非常适合于描述建筑物如何在现有的城市环境中和谐或不和谐地运作。

正等轴测图和轴测图[8]等平行投影综合了更多此类信息，在某些方面代表了初步模型，并以更高的逼真度展示了整体的几何形态。透视图通常被视为一种展示性绘图，试图去展示建筑物从某一个独特的角度看起来是怎样的，但同时它也通过体验性地、顺序性地观察建筑物向我们展示了几何形态。

这些形式中的每一种都以各种形式的计算机辅助和基于数字的绘图进行复制，通常利用计算机根据绘图员构建的三维（3D）模型生成。然而，这些绘图的传统仍然是相关的：上述不同绘图形式中的每一种都传达了建筑物的不同方面，有效地将可用的数据编辑为连贯且易于理解的形式。

这让我们想起博尔赫斯（Borges）对表达做出的那个过分详尽的寓言：

在那个帝国里，制图艺术已臻化境，一个省的地图占据了整个城市，而帝国的地图则占据了整个省。若干时日之后，那些不合情理的地图就不再令人满意了，制图师公会打出了一张帝国的地图，大小和帝国一样大，而且点对点重合。（Borges，2000：181）

然而，可用的图形表达形式并不止于此。我在工作中研究了制图方法，包括凯文·林奇（Kevin Lynch）开发的方法，古尔德（Gould）和怀特（White）的思维导图以及对激进派制图（radical cartography）和全域测绘方法的进一步讨论。[9] 其他过程，例如：戈登·卡伦（Gordon Cullen）的《序列视景》（serial vision，1961），菲利普·蒂尔（Philip Thiel，1996）和劳伦斯·哈尔普林（Lawrence Halprin，1982）的环境符号；马里奥·盖德桑纳斯（Mario Gandelsonas）编辑的关于城市的严谨著作（1987，1995，1998）；还有帕特里克·盖迪斯（Welter，2003）、阿尔弗雷德·盖尔（1998a，1999）的图解技术，那是图形人类学的潜在模型。其目的是开启图形表达，来看看当它们被放在一起时能如何提供更加完备和整体性的形象。

在方法不足或缺乏的地方，我们可以考虑开发新的题写实践形式，以增强我们的理解。虽然对此类替代性实践的历史以及它们相对的成败提出批评是很容易的，例如蒂尔的**环境架构**（envirotecture）就非常特殊，以至于除了作为教学工具之外就无法使用[10]，但许多都已经被证明是成功并且有影响力的工具，例如希利尔（Hillier）和汉森（Hanson）的空间句法理论与实践（2008）。在这一脉络下，**感官符号**[11]（图9.1）就是这样一种工具，它自身并不直接牵涉到设计过程中，但既可以用作教学工具，也可以用于分析过程，基于一个坚实的理论基础，通过注意力的集中和**感知的组织**揭示环境的多感官本质。

进一步，一些可能会深奥难解的表达形式以舞蹈和动作符号的形式出现。使用这些符号标记来给出详细描述的方法确实非常强大，尽管这在它们的母学科中引起了不适和争议。我的博士论文[12]详细说明了可以如何使用此类题写实践来描述一系列由建成环境框定的不同运动。这些描述使现象得以向分析和进一步的翻译开放。图形表达创造性和分析性地开启了一些机会，为我们呈现了生产知识的替代性方式。

通过制作一场相扑比赛的拉班动作符号（图9.2、图9.3），除了最明显的两个战斗者之外，不同参与者的角色细节也都被揭示出来：裁判员、检录员、清扫员和裁定官围绕着圆环场地都有自己的角色和位置。伴随着这些行动者在每个短回合之前和之中的交错活动，一个回合的顺序是可以理解的。事件的空间性通过平面图或一系列照片被不同地加以描述，这样的符号标记使得题写可以描述细节，例如姿势、重量平衡、力量的施加和双手的握持。通过绘制详细的符号标记，人们可以跳出熟悉的观看模式并对其更加密切地予以关注。

这已经被人类学家有效地用于描述一些情景，例如在布伦达·法内尔（Brenda Farnell，1995）关于平原印第安人的独特手语的研究工作中。我用这些方法描述了一系列情景，包括我在东京地铁中的导向、黑泽明《七武士》中的场景、**达摩**娃娃的摆动动作以及节日期间抬

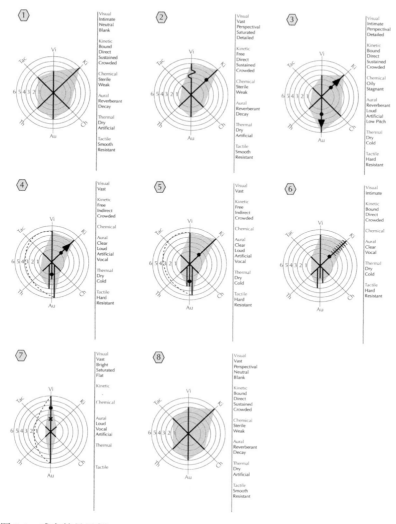

图 9.1　感官符号示例

着神舆这种便携式神龛的活动。[13]

　　建筑师对于通过不同的图集生成和阅读信息并不陌生。此处的目的是扩展这些表达（要承认许多建筑师已经形成了他们自己的创新性的绘图、图解和符号形式）并将它们用于建筑理论、建筑设计和人类学田野调查与文本的生产。

　　注意力是我们在讨论方法、实践和技艺时所回归的主题。不同的学科以不同的方式来加强注意力的训练。建筑师接受训练，以一种可能会令人类学家感到困惑的方式来关注与他们的环境有关的一些事情。而人类学家则以完全不同的方式施加关注，聚焦于其他的元素和过程。在我与其他人围绕着人类学与教育理论、美术和设计等其他学科的交叉点进行讨论时，注意力已经成为共识。

　　对于未来介于建筑学和人类学之间的学科来说，在以下三个领域训练我们的注意力[14]非常重要。

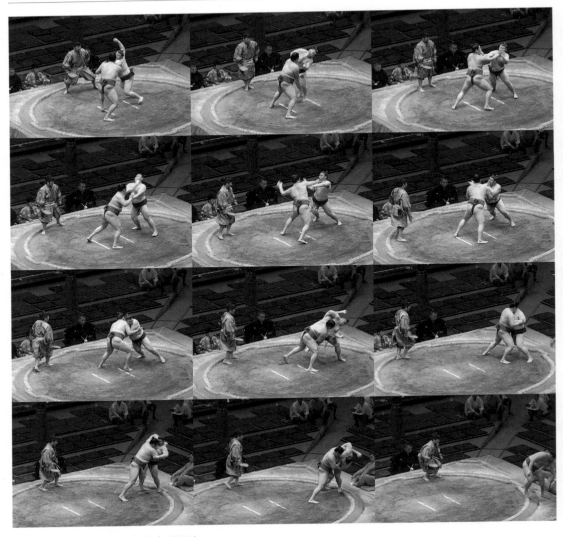

图 9.2　初级的前相扑比赛的序列照片

内向的注意力。考虑到关注的重点往往是他人的生活，向内看在人类学中有点不受欢迎。然而，由于从事观察的人类学家和本质上是内省性的解读活动的在场，张力总是存在的。一个舞蹈从业者的自我认识，见于一系列宗教和世俗实践之中的冥想以及一些用手势绘图的过程——每一项都需要这样一种解读方式，即将自己作为更广阔的画面的一部分。在建筑学中，对我们自己的创作过程的解读为该学科的发展提供了潜力，真正地质疑了我们以何种方式了解世界，我们的实践如何将其引导到特定的方向。我们得到了什么，又失去了什么？

外向的注意力。向外的注意力包括一系列广泛的活动，不仅是那些观察性的活动，例如绘图、摄影和电影制作，还要考虑那些直接使用材料的实践。制作的工艺实践将注意力集中在材料上，集中在它们之间的相互作用上以及可施加的、将它们从一种状态转变为另一种状态的力上。建筑学在发展对待材料、语境、气候和环境的态度方面有着悠久的历史。一种具

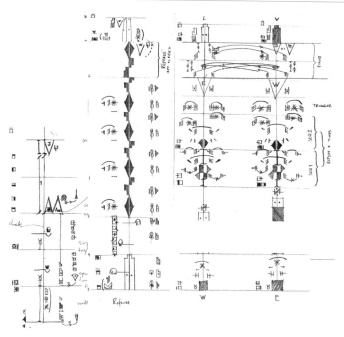

图 9.3　相扑比赛的拉班符号

有外向注意力的建筑化的人类学着眼于物质文化研究以及事物的经历如何与我们自己的生活世界交织在一起。

社会性的注意力。人类学在发展基于社会的理论方面一直处于前沿；在一个社会语境中工作很少会是一种完全孤立的活动——这意味着他人的意图、想法和行为会对日常生活产生影响。在这里，更全面地理解所涉及的人群很重要。为建筑的运行和建造作出贡献的专家远远不限于设计师——这是一种协调具有重叠的兴趣和要求的专业人士与个人之活动的行为。

持续地了解世界，可以为作为理论家和实践者的我们提供信息，上文就提出了一些这样的方式。通过不再将自己局限于文本交流，尤其是在分析性和理论性的讨论中，我们可以鼓励这样一种环境的共同创造，在其中，我们每个人都可以了解更广泛的环境并相互交流这种理解。参与相同的内省活动可以让共同的经验形成一种基础，用以交流我们在该事件中感知自己身体的方式有什么相似和不同之处。类似地，在一个物质或地理环境中一起工作时，我们可以通过身体接触而不是通过口头交流来即时地回应彼此的行为。最后，在社会环境中充分的共同创造开辟了可行的实践新形式，为适用于一项活动之各个部分的一系列专业技术和知识提供了机会。这些行动者之间的互动超越了技艺和兴趣的调动，是完全社会化的，随之带来了所有的好处和问题。

通过这种方式，建筑师和人类学家之间的跨学科解读可以蓬勃发展，超越关于建筑实践的人类学和关于绘画等技能实践的人类学的（有价值的）工作。其目的是通过建筑技能和实践与人类学合作，利用一种具有人类学观察和理论严谨性的建筑，将假设放在一边，更整体性地工作，以更好地满足客户、用户和我们正在建设的更广泛环境的需求。

注　释

1. 即 Laban，此处指的应当是拉班运动分析（Laban movement analysis），一种以可视化方式记录、描述、解释人类运动的方法，所使用的符号标记系统被称为拉班符号（Labanotation）。——译者注

2. 参见：Gunn & Donovan（2013）；Gunn，Smith & Otto（2013）；Smith，Vangkilde，et al.（2016）。

3. 如 Buchli（2013）和 Marchand（2009）。

4. 如 Yaneva（2009）和 Houdart & Chihiro（2009）；亦可参见 Kaijima，Stalder & Iseki（2018）。

5. 有关这种区别的更多信息，参见 Ingold（2013）。

6. 有关速写本之作用的更多信息，参见 Lucas（2014）。

7. 有关于此的更多信息，参见 Tschumi（1996）。

8. Lucas（2019a）进行了更全面的讨论。

9. 例如 Lynch（1960）和 Gould & White（1986）。

10. 正如 Cureton（2016：80–88）所讨论的。

11. 有关该项目的更多细节，参见 Lucas & Romice（2008）和 Lucas（2009a，2009b）。

12. 这个符号标记在 Lucas（2006）文章的其中一部分得到了完整的详细说明。

13. 东京地铁项目见 Lucas（2008a），达摩娃娃的符号参见 Lucas（2009c）。三社祭的符号（在本书第 8 章中有讨论）可以在 Lucas（2018b）的文章中找到。

14. 这一关于注意力的讨论归功于欧洲研究委员会的"从内部了解"研究小组，这种注意力的认识论形成了关于新课程的讨论基础，该课程探索的主题是我们如何认识世界以及如何交流关于它的知识。

参考文献

Adapon, Joy. 2008. *Culinary Art and Anthropology*. Oxford: Berg.

Adorno, Theodore. 2004 [1970]. *Aesthetic Theory*. London: Continuum.

Appadurai, Arjun (Ed.). 1986. *The Social Life of Things*. Cambridge: Cambridge University Press.

Arnheim, Rudolf. 1969. *Visual Thinking*. Berkeley: University of California Press.

Ashkenazi, Michael. 1993. *Matsuri: Festivals of a Japanese Town*. Honolulu: University of Hawaii Press.

Ashkenazi, M. & Jacob, J. 2013. *The Essence of Japanese Cuisine: An Essay on Food and Culture*. London: Routledge.

Augoyard, Jean-François. 2007. *Step by Step: Everyday Walks in a French Urban Housing Project*. Minneapolis: University of Minnesota Press.

Augoyard, Jean-François & Torgue, Henri. 2006. *Sonic Experience: A Guide to Everyday Sounds*. Montreal: McGill University Press.

Bachelard, Gaston. 1992 [1958]. *The Poetics of Space*. Boston, MA: Beacon Press.

Banham, Reyner. 1969. *The Architecture of the Well Tempered Environment*. Oxford: The Architectural Press.

Barthes, Roland. 1977. *Image, Music, Text*. London: Fontana Press.

Bateson, Gregory. 1972. *Steps to an Ecology of Mind: Collected Essays in Anthropology, Psychiatry, Evolution and Epistemology*. Chicago: University of Chicago Press.

Baudelaire, Charles. 2006 [1863]. *The Painter of Modern Life and Other Essays*. London: Phaidon.

Baudrillard, Jean. 1994. 'The System of Collecting' in Elsner, John & Cardinal, Roger (Eds). *Cultures of Collecting*, pp. 7–24. London: Reaktion Books.

Beaumont, Matthew. 2015. *Nightwalking: A Nocturnal History of London from Chaucer to Dickens*. London: Verso.

Belardi, Paolo. 2014. *Why Architects Still Draw*. Cambridge, MA: MIT Press.

Bestor, Theodore. 1990. *Neighbourhood Tokyo*. Stanford, CA: Stanford University Press.

Bestor, Theodore. 1999. 'Wholesale Sushi: Culture and Commodity in Tokyo's Tsukiji Market' in Low, S. (Ed.). *Theorizing the City: The New Urban Ethnography Reader*, pp. 201–241. New Brunswick: Rutgers University Press.

Bestor, Theodore. 2004. *Tsukiji: The Fish Market at the Centre of the World*. Berkeley, CA: University of California Press.

Blackman, Lisa. 2008. *The Body*. Oxford: Berg.

Borden, Iain. 2003. *Skateboarding, Space and the City: Architecture and the Body*. Oxford: Berg.

Bordwell, David. 1987. *Narration in the Fiction Film*. London: Routledge.

Borges, Jorge Luis. 2000. 'On Exactitude in Science' in *The Aleph*, p. 181. London: Penguin.

Bourdieu, Pierre. 1990. 'Appendix: The Kabyle House or the World Reversed' in *The Logic of Practice*, pp. 271–283. Cambridge: Polity Press.

Brunskill, R. W. 2000. *Vernacular Architecture: An Illustrated Handbook*. London: Faber & Faber.

Buchli, Victor. 2000. *An Archaeology of Socialism*. Oxford: Berg.

Buchli, Victor. 2002. 'Khrushchev, Modernism and the Fight Against *Petit-Bourgeois* Consciousness in the Soviet Home' in Buchli, V. (Ed.). *The Material Culture Reader*, pp. 207–236. Oxford: Berg.

Buchli, Victor. 2013. *The Anthropology of Architecture*. London: Bloomsbury.

Buxton, Pamela (Ed.). 2015. *Metric Handbook: Planning and Design Data*, Fifth Edition. London: Routledge.

Cairns, S. & Jacobs, J. M. 2014. *Buildings Must Die: A Perverse View of Architecture*. Cambridge, MA: MIT Press.

Cali, Joseph & Dougill, John. 2013. *Shinto Shrines: A Guide to the Sacred Sites of Japan's Ancient Religion*. Honolulu: University of Hawaii Press.

Calvino, Italo. 1974. *Invisible Cities*. W. Weaver (Trans.). Orlando: Harcourt Brace & Company.

Careri, F. 2002. *Walkscapes: Walking as an Aesthetic Practice*. Barcelona: Gustavo Gili.

Causey, Andrew. 2017. *Drawn to See: Drawing as an Ethnographic Method*. Toronto: University of Toronto Press.

Cho, Byoungso. 2018. 'Imperfection and Emptiness' in *Architectural Review*, Vol. 1448, February 2018, pp. 44–50.

Classen, Constance & Howes, David. 2006. 'The Museum as Sensescape: Western Sensibilities and Indigenous Artifacts' in Edwards, Elizabeth, Gosden, Chris & Phillips, Ruth B. (Eds.). *Sensible Objects: Colonialism, Museums and Modern Culture*, pp. 199–222. Oxford: Berg.

Clifford, James & Marcus, George (Eds.). 2010. *Writing Culture: The Poetics and Politics of Anthropology*. Berkeley, CA: University of California Press.

Cook, Peter & Webb, Michael. 1999. *Archigram*. Princeton Architectural Press.

Cullen, Gordon. 1961. *The Concise Townscape*. The Architectural Press.

Cureton, Paul. 2016. *Strategies for Landscape Representation: Digital and Analogue Techniques*, pp. 80–88. London: Routledge.

Daniels, Inge (Author) & Andrews, Susan (Photographer). 2010. *The Japanese Home: Material Culture in the Modern Home*. Oxford: Berg.

De Certeau, Michel. 1984. *The Practice of Everyday Life*. Berkeley & Los Angeles: University of California Press.

Debord, Guy. 1994. *The Society of the Spectacle*. D. Nicholson Smith (Trans.). New York: Zone Books.

Deliss, Clémentine (Ed.). 2012. *Object Atlas: Fieldwork in the Museum*. Frankfurt: Kerber.

Donahue, Sean. 2014. 'Unmapping' in Yelavich, Susan & Adams, Barbara (Eds.). *Design as Future Making*, pp. 36–46. London: Bloomsbury.

Douglas, Mary. 1972. 'Deciphering a Meal' in *Daedalus*, Vol. 101, Issue 1, Myth, Symbol, and Culture (Winter 1972), MIT Press on behalf of American Academy of Arts & Sciences, pp. 61–81.

Douglas, Mary. 1991. 'The Idea of Home: A Kind of Space' in *Social Research*, Vol. 58, Issue 1, Spring 1991, pp. 287–307.

Douglas, Mary. 2002. *Purity and Danger*. London: Routledge.

D'Souza, Aruna & McDonough, Tom (Eds.). 2008. *Gender, Public Space and Visual Culture in Nineteenth Century Paris*. Manchester: Manchester University Press.

Dunn, Nick. 2016. *Dark Matters: A Manifesto for the Nocturnal City*. Winchester: Zero Books.

Eco, Umberto. 1989. *The Open Work*. Cambridge, MA: Harvard University Press.

Elkin, Lauren. 2017. *Flâneuse: Women Walk the City in Paris, New York, Tokyo, Venice and London*. London: Vintage.

Elliot, Denielle & Culhane, Dara (Eds.). 2017. *A Different Kind of Ethnography: Imaginative Practices and Creative Methodologies*. Toronto: University of Toronto Press.

Farnell, Brenda. 1995. *Do You See What I Mean: Plains Indian Sign Talk and the Embodiment of Action*. Lincoln, NE: University of Nebraska Press.

Forty, Adrian. 2004. *Words and Buildings: A Vocabulary of Modern Architecture*. London: Thames & Hudson.

Forty, Adrian & Küchler, Suzanne (Eds.). 1999. *The Art of Forgetting*. Oxford: Berg.

Foucault, Michel. 1986. 'Of Other Spaces'. Jay Miskowiec (Trans). In *Diacritics*, Vol. 16, Issue 1, Spring 1986, pp. 22–27.

Frazer, James G. 1994 [1890]. *The Golden Bough*. Oxford: Oxford University Press.

Gandelsonas, Mario. 1987. 'The Order of the American City: Analytic Drawings of Boston' in *Assemblage*, Vol. 3, July 1987, pp. 63–71. Cambridge, MA: MIT Press.

Gandelsonas, Mario. 1995. 'The Master Plan as a Political Site' in *Assemblage*, Vol. 27, August 1995, pp. 19–24. Cambridge, MA: MIT Press.

Gandelsonas, Mario. 1998. 'The City as Object of Architecture' in *Assemblage*, Vol. 37, December 1998, pp. 128–144. Cambridge, MA: MIT.

Geismar, Haidy. 2009. 'The Photograph and the Malanggan: Rethinking Images on Malakula, Vanatu' in *Australian Journal of Anthropology*, Vol. 20, pp. 48–73.

Gell, Alfred. 1992. *The Anthropology of Time: Cultural Constructions of Temporal Maps and Images*. Oxford: Berg.

Gell, Alfred. 1998a. *Art and Agency*. Oxford: Oxford University Press.

Gell, Alfred. 1998b. 'The Maori Meeting House' in *Art and Agency*, pp. 251–258. Oxford: Clarendon Press.

Gell, Alfred. 1999. 'The Technology of Enchantment and the Enchantment of Technology' in *The Art of Anthropology: Essays and Diagrams*, pp. 159–186. London: Athlone Press.

Gibson, James J. 1983 [1966]. *Senses Considered as Perceptual Systems*. Westport, CT: Greenwood Press.

Gibson, James J. 1986. *The Ecological Approach to Visual Perception*. New York, NY: Psychology Press.

Glassie, Henry. 2000. *Vernacular Architecture*. Bloomington, IN: University of Indiana Press.

Goffman, Erving. 1974. *Frame Analysis: An Essay on the Organisation of Experience*. Boston: Northeastern University Press.

Goodman, Nelson. 1976. *Languages of Art*. Indianapolis & Cambridge: Hackett Publishing.

Goodman, Nelson. 1978. *Ways of Worldmaking*. Indianapolis & Cambridge: Hackett Publishing.

Goodwin, James. 1993. *Akira Kurosawa and Intertextual Cinema*. The Johns Hopkins University Press.

Goody, Jack. 1982. *Cooking, Cuisine and Class: A Study in Comparative Sociology*. Cambridge: Cambridge University Press.

Gould, Peter & White, Rodney. 1986. *Mental Maps*. London: Routledge.

Graafland, Arie (Ed.). 2005. *The Body in Architecture*. Rotterdam: 010 Publishers.

Greenblatt, Stephen. 1991. 'Resonance and Wonder' in Karp, I. & Lavine, S. D. (Eds.). *Exhibiting Culture*, pp. 42–56. Washington: Smithsonian Institution Press.

Grimshaw, Anna. 2001. *The Ethnographer's Eye: Ways of Seeing in Anthropology*. Cambridge: Cambridge University Press.

Grimshaw, Anna & Ravetz, Amanda (Eds.). 2005. *Visualizing Anthropology*. Bristol: Intellect.

Groemer, G. 2010. 'Sacred Dance at Sensoji: the Development of a Tradition' in *Asian Ethnology*, Vol. 69, Issue 2, pp. 265–292. Nanzan University.

Gropius, Walter, Tange, Kenzo & Ishimoto, Yasuhiro. 1960. *Katsura: Tradition and Creation in Japanese Architecture*. New Haven: Yale University Press.

Gros, Frédéric. 2015. *A Philosophy of Walking*. London: Verso Books.

Gunn, Wendy. 2008. 'Learning to Ask Naïve Questions with IT Product Design Students' in *Arts and Humanities in Higher Education*, Vol. 7, Issue 3, pp. 323–336.

Gunn, Wendy (Ed.). 2009. *Fieldnotes and Sketchbooks: Challenging the Boundaries between Descriptions and Processes of Describing*. Peter Lang Publishers.

Gunn, Wendy & Donovan, Jared (Eds.). 2013. *Design and Anthropology*. Farnham: Ashgate.

Gunn, Wendy & Løgstrup, Louise. 2014. 'Participant Observation, Anthropology Methodology and Design Anthropology Research Inquiry' in *Arts and Humanities in Higher Education*, Vol. 13, Issue 4, pp. 428–442.

Gunn, Wendy, Smith, Rachel C. & Otto, Ton (Eds.). 2013. *Design Anthropology: Theory and Practice*. London: Bloomsbury.

Halprin, Lawrence. 1982. *The R.S.V.P. Cycles: Creative Process in the Human Environment*. George Braziler Inc.

Hann, Chris & Hart, Keith. 2011. *Economic Anthropology*. London: Polity.

Hansen, Wilburn. 2008. *When Tengu Talk: Hirata Atsutane's Ethnography of the Other World*. Honolulu: University of Hawaii Press.

Hardingham, Samantha (Ed.). 2017. *Cedric Price Works 1952–2003: A Forward Minded Retrospective*. London & Montreal: Architectural Association & Canadian Centre for Architecture.

Harkness, Rachel. 2011. 'Earthships: The Homes That Trash Built' in *Anthropology Now*, Vol. 3, Issue 1, April 2011, pp. 54–65.

Helliwell, J. F. & Putnam, R. D. 1995. 'Economic Growth and Social Capital in Italy' in *Eastern Economic Journal*, Vol. 21, Issue 3, pp. 295–307.

Henare, Amira, Holbraad, Martin & Wastell, Sari (Eds.). 2007. *Thinking through Things: Theorising Artefacts Ethnographically*. London: Routledge.

Hendry, Joy. 1987. *Understanding Japanese Society*. London: Routledge.

Hendry, Joy. 1993. *Wrapping Culture: Politeness, Presentation and Power in Japan and Other Societies*. Oxford: Clarendon Press.

Hendry, Joy. 2000. *The Orient Strikes Back: A Global View of Cultural Display*. Oxford: Berg.

Henshaw, Victoria. 2013. *Urban Smellscapes: Understanding and Designing City Smell Environments*. London: Routledge.

Herdt, Tanja. 2017. *The City and the Architecture of Change: The Work and Radical Visions of Cedric Price*. Zurich: Park Books.

Heschong, Lisa. 1979. *Thermal Delight in Architecture*. Cambridge, MA: MIT Press.

Higgin, Marc. 2016. 'What Do We Do When We Draw?' in *Tracey Journal: Drawing and Visualisation Research*, July 2016: Presence.

Hillier, Bill & Hanson, Julienne. 2008 [1984]. *The Social Logic of Space*. Cambridge: Cambridge University Press.

Hoskins, J. 2006. 'Agency, Biography and Objects' in Tilley, C., Keane, W., Küchler, S., Rowlands, M. & Spyer, P. (Eds.). *Handbook of Material Culture*, pp. 74–84. London: Sage.

Houdart, Sophie & Minato, Chihiro. 2009. *Kuma Kengo: An Unconventional Monograph*. Paris: Editions Donner Lieu.

Hunt, Kristin. 2018. *Alimentary Performances: Mimesis, Theatricality, and Cuisine*. London: Routledge.

Hwangbo, Alfred. 2010. 'Beyond the Nostalgic Conservation of the Past: The Urban Courtyard House in Korea (1920–60)' in Rabbat, N. O. (Ed.). *The Courtyard House*. Farnham: Ashgate.

Hwangbo, Alfred & Jarzombek, Mark. 2011. 'Global in a Not-So-Global World' in *Journal of Architectural Education, Special Issue: Beyond Precedent*, Vol. 64, Issue 2, March 2011, pp. 59–66. New York: Wiley Periodicals.

Ikuya, Takamori. 2001. *Family Crests of Japan*. Tokyo: Tuttle & ICG muse, Inc.

Imai, Heide. 2017. *Tokyo Roji: The Diversity and Versatility of Alleys in a City in Transition*. London: Routledge [kindle edition].

Ingold, Tim. 2000. 'Building Dwelling Living' in *The Perception of the Environment*, pp. 172–188. London: Routledge.

Ingold, Tim. 2011. *Being Alive: Essays on Movement, Knowledge and Description*. London: Routledge.

Ingold, Tim. 2013. *Making: Anthropology, Archaeology, Art and Architecture*. London: Routledge.

Ingold, Tim. 2014. 'That's Enough about Ethnography!' in *HAU: Journal of Ethnographic Theory*, Vol. 7, Issue 1, pp. 383–395.

Ingold, Tim (Ed.). 2016. *Redrawing Anthropology: Materials, Movements, Lines*. London: Routledge.

Ingold, Tim. 2017. 'Anthropology Contra Ethnography' in *HAU: Journal of Ethnographic Theory*, Vol. 7, Issue 1, pp. 21–26.

Ingold, Tim with Ray Lucas. 2007. 'The 4 A's (Anthropology, Archaeology, Art and Architecture): Reflections on a Teaching and Learning Experience' in Harris, M. (Ed.). *Ways of Knowing: New Approaches in the Anthropology of Knowledge and Learning*, pp. 287–305. Oxford: Berghahn Books.

Ingold, Tim & Lee Vergunst, Jo (Eds.). 2008. *Ways of Walking*, pp. 169–184. Aldershot, Hampshire: Ashgate.

Ishimoto, Yasuhiro. 2010. *Katsura: Picturing Modernism in Japanese Architecture*. New Haven: Yale University Press.

Isozaki, Arata. 1986. 'Floors and Internal Spaces in Japanese Vernacular Architecture: Phenomenology of Floors' in *Res: Anthropology and Aesthetics*, Issue 11, Spring 1986, pp. 54–77. Cambridge, MA: Peabody Museum of Archaeology and Ethnology.

Isozaki, Arata. 2006. *Japan-ness in Architecture*. Cambridge, MA: MIT press.

Jackson, Michael. 2013. *Lifeworlds: Essays in Existential Anthropology*. Chicago: University of Aberdeen Press.

Jinnai, Hidenobu. 1995. *Tokyo: A Spatial Anthropology*. University of California Press.

Kaijima, Momoyo, Laurent, Stalder & Iseki, Yu (Eds). 2018. *Architectural Ethnography: Japanese Pavilion Venice Beinnale*. Tokyo: TOTO.

Kim, Dan Bi & Lee, Jae Soek (Eds.). 2016. *Hanok, Korean Traditional Architecture: 2011–2016 National Hanok Competition*. Seoul: Architecture & Urban Research Institute & Kim Dae Ik.

Kinchin, Juliet with O'Connor, Aidan. 2011. *Counter Space: Design and the Modern Kitchen*. New York: Museum of Modern Art.

Koolhaas, Rem. 1994. *Delirious New York: A Retroactive Manifesto for Manhattan*. New York: Rizzoli.

Küchler, Suzanne. 2002. *Malanggan: Art, Memory and Sacrifice*. Oxford: Berg.

Kuma, Kengo. 2010. *Anti-Object*. London: the Architectural Association.

Lalonde, M. P. 1992. 'Deciphering a Meal Again, or the Anthropology of Taste' in *Social Science Information*, Vol. 31, Issue 1, pp. 69–86.

Le Breton, David. 2017. *Sensing the World: An Anthropology of the Senses*. London: Bloomsbury.

Le Corbusier. 1989 [1923]. *Towards a New Architecture*. Oxford: The Architectural Press.

Le Corbusier. 2000. *The Modulor and Modulor 2*. Paris: Fondation Le Corbusier.

Lefebvre, Henri. 2004. *Rhythmanalysis*. New York: Athlone Press.

Lefebvre, Henri. 2014. *Critique of Everyday Life*. London: Verso.

Lévi-Strauss, Claude. 1969. *The Raw and the Cooked*. Chicago: University of Chicago Press.

Lévi-Strauss, Claude. 1974. *Structural Anthropology*. Oxford: Basic Books.

Lucas, Ray. 2002. *Filmic Architecture: An Exploration of Film Language as a Method for Architectural Criticism and Design*. Unpublished MPhil thesis. Glasgow: University of Strathclyde.

Lucas, Ray. 2006. *Towards a Theory of Notation as a Thinking Tool*. Unpublished PhD thesis. Aberdeen: University of Aberdeen.

Lucas, Ray. 2008a. 'Taking a Line for a Walk: Flânerie, Drifts, and the Artistic Potential of Urban Wandering' in Ingold, Tim & Lee Vergunst, Jo (Eds.). *Ways of Walking: Ethnography and Practice on Foot*, pp. 169–184. Farnham: Ashgate.

Lucas, Ray. 2008b. 'Getting Lost in Tokyo' in *Footprint*, Delft School of Design Journal, Issue 2. https://journals.open.tudelft.nl/index.php/footprint/issue/view/372. Accessed January 2019.

Lucas, Ray. 2009a. 'The Sensory Experience of Sacred Space: Senso-Ji and Meiji-Jingu, Tokyo' in *MONU: Magazine on Urbanism*. Issue 10: Holy Urbanism, pp. 46–55. Rotterdam: Board Publishers.

Lucas, Ray. 2009b. 'Designing a Notation for the Senses' in *Architectural Theory Review Special Issue: Sensory Urbanism*, Vol. 14, Issue 2, Spring 2009, p. 173.

Lucas, Ray. 2009c. 'Gestural Artefacts: Notations of a Daruma Doll' in Gunn, Wendy (Ed.). *Fieldnotes and Sketchbooks: Challenging the Boundaries between Descriptions and Processes of Describing*, pp.155–174. Bern: Peter Lang Publishers.

Lucas, Ray. 2012. 'The Instrumentality of Gibson's Medium as an Alternative to Space' in *CLCWeb Special Issue: Narrativity and the Perception/Conception of Landscape*. West Lafayette, IN: Purdue University Press. https://doi.org/10.7771/1481-4374.2039. Accessed 31 January 2019.

Lucas, Ray. 2014. 'The Sketchbook as Collection: A Phenomenology of Sketching' in Bartram, A., El-Bizri, N. & Gittens, D. (Eds.). *Recto-Verso: Redefining the Sketchbook*, pp. 191–206. Farnham: Ashgate.

Lucas, Ray. 2016. *Research Methods for Architecture*. London: Laurence King.

Lucas, Ray. 2017a. 'Electricity as Limit in Namdaemun Market, Seoul' in Cross, J., Anusas, M., Schick, L. & Abram, S. (Eds.). in *Our Lives with Electric Things*, Theorising the Contemporary Section, Cultural Anthropology Website. https://culanth.org/fieldsights/1263-our-electric-controls. Accessed 31 January 2019.

Lucas, Ray. 2017b. 'The Discipline of Tracing in Architectural Drawing' in Johannessen, Christian Mosbaek & van Leeuwen, Jacob (Eds.). *The Materiality of Writing: A Trace Making Perspective*, pp. 116–137. London: Routledge.

Lucas, Ray. 2018a. 'Threshold and Temporality in Architecture: Practices of Movement in Japanese Architecture' in Bunn, S. (Ed.). *Anthropology and Beauty: From Aesthetics to Creativity*, pp. 279–290. London: Routledge.

Lucas, Ray. 2018b. 'Script and Score: Revisiting Nelson Goodman at Sanja Matsuri' in Browne, Jemma, Frost, Christian & Lucas, Ray (Eds.). *Architecture, Festival & the City*, pp.81–96. London: Routledge.

Lucas, Ray. 2019a. *Drawing Parallels: Knowledge Production in Axonometric, Isometric and Parallel Projection*. London: Routledge.

Lucas, Ray. 2020. 'Threshold as a Social Surface: The Architecture of South Korean Urban Marketplaces' in Simonetti, C. & Anusas, M. (Eds.). *On surfaces: Contributions from Anthropology, Archaeology, Art and Architecture*. London: Routledge (Forthcoming).

Lucas, Ray & Romice, Ombretta. 2008. 'Representing Sensory Experience in Urban Design' in *Design Principles and Practices: An International Journal*, Vol. 2, Issue 4, pp. 83–94. Common Ground Publishers.

Lukas, Scott. 2012. *The Immersive Worlds Handbook: Designing Theme Parks and Consumer Spaces*. London: Routledge.

Lund, Katrin & Lorimer, Hayden. 2008. 'A Collectible Topography: Walking, Remembering and Recording Mountains' in Ingold, Tim & Lee Vergunst, Jo (Eds.). *Ways of Walking*, pp. 185–200. Aldershot, Hampshire: Ashgate.

Lynch, Kevin. 1960. *The Image of the City*. Cambridge, MA: MIT Press.

MacDougall, David. 2006. *The Corporeal Image: Film, Ethnography, and the Senses*. New York: Princeton University Press.

Marchand, Trevor H. 2009. *The Masons of Djenne*. Bloomington, IN: Indiana University Press.

Mauss, Marcel. 1947. 'Techniques of the Body' in *Economy and Society*, Vol. 2, Issue 1, pp. 70–78.

Mauss, Marcel. 2002 [1954]. *The Gift*. London: Routledge.

Merleau-Ponty, Maurice. 2002 [1962]. *Phenomenology of Perception*. London: Routledge.

Message, Kylie. 2006. *New Museums and the Making of Culture*. Oxford: Berg.

Metz, Christian. 1984. *Psychoanalysis and Cinema: The Imaginary Signifier*. London: Macmillan Press.

Miller, Daniel. 2001. *Home Possessions: Material Culture behind Closed Doors*. Oxford: Berg.

Miller, Daniel. 2010. *Stuff*. Cambridge: Polity Press.

Miyazaki, Hirokazu. 2010. 'Gifts and Exchange' in Hicks, D. & Beaudry, M. C. (Eds.). *The Oxford Handbook of Material Culture Studies*, pp. 246–264. Oxford: Oxford University Press.

Mooshammer, Helge & Mörtenböck, Peter. 2008. *Networked Cultures: Parallel Architectures and the Politics of Space*. Rotterdam: NAi Publishers.

Mooshammer, Helge & Mörtenböck, Peter. 2015. *Informal Market Worlds: The Architecture of Economic Pressure: Atlas*. Rotterdam: NAi/010 Publishers.

Mooshammer, Helge & Mörtenböck, Peter. 2016. *Visual Cultures as Opportunity*. London: Sternberg Press.

Mooshammer, Helge, Mörtenböck, Peter, Cruz, Teddy & Forman, Fonna (Eds.). 2015. *Informal Market Worlds: The Architecture of Economic Pressure: Reader*. Rotterdam: NAi/010 Publishers.

Oliver, Paul. 2003. *Dwellings: The Vernacular House Worldwide*. London: Phaidon.

Orwell, George. 2004 [1946]. *Why I Write*. London: Penguin Great Ideas.

Orwell, George. 2013 [1946]. *Politics and the English Language*. London: Penguin Modern Classics.

Ozawa De-Silva, C. 2014. 'Hatsumōde, the Visitation of Shinto Shrines: Religion and Culture in the Japanese Context' in Idler, E. L. (Ed.). *Religion as a Social Determinant of Public Health*. Oxford: Oxford University Press, chapter 8, pp. 71–76.

Pallasma, Juhani. 1996. *The Eyes of the Skin*. London: Academy Editions.

Pallasmaa, J. 2009. *The Thinking Hand*. Oxford: Wiley.

Pekkanen, Robert J., Tsujinaka, Yutaka & Yamamoto, Hidehiro. 2014. *Neighborhood Associations and Local Governance in Japan*. London: Routledge (Nissan Institute/Routledge Japanese Studies Series).

Perec, Georges. 1997. *Species of Spaces and Other Pieces*. London: Penguin.

Pevsner, Niklaus. 2009. *An Outline of European Architecture*. London: Thames & Hudson.

Pink, Sarah. 2004. *Home Truths: Gender, Domestic Objects and Everyday Life*. Oxford: Berg.

Pink, Sarah. 2007. *Doing Visual Ethnography: Images, Media and Representation in Research*. London: Sage.

Pink, Sarah, Leder Mackley, Kerstin, Moroşanu, Roxana, Mitchell, Val & Bhamra, Tracy. 2017. *Making Homes: Ethnography and Design*. London: Bloomsbury.

Ponciroli, Virginia (Ed.). 2004. *Katsura Imperial Villa*. Milan: Electa Architecture.

Porcu, E. 2012. 'Observations on the Blurring of the Religious and the Secular in a Japanese Urban Setting' in *Journal of Religion in Japan*, Vol. 1, pp. 83–106. Leiden: Brill.

Price, C. 2003. *Re: Cedric Price*. Basel: Birkhauser Verlag.

Rabinow, Paul, Marcus, George E., Faubion, James D. & Rees, Tobias. 2008. *Designs for an Anthropology of the Contemporary*. Duke University Press [kindle edition].

Rasmussen, Steen Eiler. 1962. *Experiencing Architecture*. Cambridge, MA: MIT Press.

Rendell, Jane. 1996. '"Industrious Females" & "Professional Beauties" or Fine Articles for Sale in the Burlington Arcade' in Borden, Iain, Kerr, Joe, Pivaro, Alicia, Rendell, Jane (Eds.). *Strangely Familiar: Narratives of Architecture in the City*, pp. 32–36. London: Routledge.

Robertson, Stephen. 2014. 'Monozukuri and Machizukuri: Crafting Community in Contemporary Japan' paper presentation on *Forging Futures* panel at IUAES 2014 conference, Chiba, May 2014.

Rossi, Aldo. 1982. *The Architecture of the City*. Cambridge, MA: MIT Press.

Rudofsky, Bernard. 1981. *Architecture without Architects*. London: John Wiley & Sons.

Rudofsky, Bernard. 1987. *Architecture without Architects: A Short Introduction to Non-Pedigreed Architecture*. Albuquerque, NM: University of New Mexico Press.

Ruskin, John. 1969 [1856]. *The Elements of Drawing*. New York: Dover Books.

Said, Edward. 2003 [1978]. *Orientalism*. London: Penguin Books.

Sansi, Roger. 2015. *Art, Anthropology and the Gift*. London: Bloomsbury.

Schatzki, T. R., Cetina, K. K. & Von Savigny, E. (Eds.). 2001. *The Practice Turn in Contemporary Theory*. London: Routledge.

Scheer, David Ross. 2014. *The Death of Drawing: Architecture in the Age of Simulation*. London: Routledge.

Schmidtpott, Katja. 2012. 'Indifferent Communities: Neighbourhood Associations, Class and Community in Pre-War Tokyo' in Brumann, Christoph & Schulz, Evelyn (Eds.). *Urban Spaces in Japan: Cultural and Social Perspectives*, pp. 125–146. London: Routledge.

Schwanhäusser, Anja. 2016. *Sensing the City*. Basel: Birkhauser.

Sen Arijit & Silverman, Lisa (Eds.). 2014. *Making Place: Space and Embodiment in the City*. Bloomington: Indiana University Press.

Sennet, R. 2008. *The Craftsman*. London: Penguin Books.

Shephard, Wade. 2015. *Ghost Cities of China: The Story of Cities without People in the World's Most Populated Country*. London: Zed Books.

Simone, Abdoumaliq. 2010. *City Life from Jakarta to Dakar: Movements at the Crossroads*. London: Routledge.

Skyes, K. 2007. 'Subjectivity, Visual Technology and Public Culture: Watching the Ethnographic Film, *Malanggan Labadama* in New Ireland' in *The Sociological Review*, Vol. 55, Issue 1, pp. 42–56.

Smith, Rachel Charlotte, Vangkilde, Kaspar Tang, Kjærsgaard, Mette Gislev, Otto, Ton, Halse, Joachim & Binder, Thomas (Eds.). 2016. *Design Anthropological Futures*. London: Bloomsbury [kindle edition].

Sousanis, Nick. 2015. *Unflattening*. Cambridge, MA: Harvard University Press.

Stanek, Łukasz. 2012. 'Miastoprojekt Goes Abroad: The Transfer of Architectural Labour from Socialist Poland to Iraq (1958–1989)' in *The Journal of Architecture*, Vol. 17, Issue 3, 1 June 2012, pp. 361–386.

Stoller, Paul. 1989. *The Taste of Ethnographic Things: The Senses in Anthropology*. Philadelphia: University of Pennsylvania Press.

Strathern, Marilyn. 1988. *The Gender of the Gift: Problems with Women and Problems with Society in Melanesia*. Berkeley: University of California Press.

Strathern, Marilyn. 2001. 'The Patent and the Malanggan' in *Theory, Culture and Society*, Vol. 18, Issue 4, pp. 1–26.

Sudnow, David. 2001 [1978]. *Ways of the Hand: A Rewritten Account*. Cambridge, MA: MIT Press.

Sutton, David E. 2001. *Remembrance of Repasts: An Anthropology of Food and Memory*. Oxford: Berg.

Tafuri, Manfredo. 1976. *Architecture and Utopia: Design and Capitalist Development*. Cambridge, MA: MIT Press.

Tarkovsky, Andrey. 1986. *Sculpting in Time*. Austin: University of Texas Press.

Taussig, Michael. 2011. *I Swear I Saw This: Drawings In Fieldwork Notebooks, Namely My Own*. Chicago: University of Chicago Press.

Tester, Kieth (Ed.). 1994. *The Flâneur*. London: Routledge.

Thiel, Philip. 1996. *Paths, People, and Purposes: Notations for a Participatory Envirotecture*. University of Washington Press.

Tschumi, Bernard. 1996. *Architecture and Disjunction*. London: Academy Editions.

Turner, Victor. 1987. *The Anthropology of Performance*. New York, NY: PAJ Publications.

Van Gennep, Arnold. 1961. *The Rites of Passage*. Chicago: University of Chicago Press.

Venturi, Robert, Scott Brown, Denise, Izenour, Steve, et al. 1977. *Learning from Las Vegas*. Cambridge, MA: MIT Press.

Warnier, Jean-Pierre. 2006. 'Inside and Outside: Surfaces and Containers' in Tilley, Christopher, Keane, Webb, Küchler, Suzanne, Rowlands, Mike, Spyer, Patricia (Eds.). *Handbook of Material Culture*, pp. 186–195. London: Sage.

Welter, Volker M. 2003. *Biopolis: Patrick Geddes and the City of Life*. Cambridge, MA: MIT Press.

Woods, Lebbeus. 1996. *War and Architecture (Pamphlet Architecture 15)*. New York: Princeton Architectural Press.

Woods, Lebbeus. 1997. *Radical Reconstruction*. New York: Princeton Architectural Press.

Yaneva, Albena. 2009. *Made by the Office for Metropolitan Architecture: An Ethnography of Design*. Rotterdam: 010 Publishers.

Yelavich, Susan & Adams, Barbara (Eds.). 2014. *Design as Future-Making*. London: Bloomsbury.

de Zegher, Catherine (Ed.). 2000. *Drawing Papers 4. The Body of the Line: Eisenstein's Drawings*. New York: The Drawing Center.